웃기는
수학이지
뭐야!

웃기는 수학이지 뭐야!

지은이   이광연
펴낸이   조경희
펴낸곳   경문사
펴낸날   2000년 2월 5일 초판 1쇄
         2021년 3월 2일 개정판 6쇄
등 록   1979년 11월 9일 제1979-000023호
주 소   04057, 서울특별시 마포구 와우산로 174
전 화   (02)332-2004 팩스 (02)336-5193
이메일   kyungmoon@kyungmoon.com

※ 책값은 뒤표지에 있습니다.

★ 경문사의 다양한 도서와 콘텐츠를 만나보세요!

홈페이지   www.kyungmoon.com   페이스북   facebook.com/kyungmoonsa
포스트   m.post.naver.com/kyungmoonbooks   블로그   blog.naver.com/kyungmoonbooks
북이오   buk.io/@pa9309

개정판

이광연 지음

<KM 경문사

　왜 수학을 공부해야 하며 과거의 수많은 학자들은 무엇 때문에 수학을 연구하였을까? 아마도 수학을 전공하는 사람이면 누구나 이와 같은 고민을 한 번쯤은 해보았을 것이다. 또한 수학은 누구나 어려운 것이라고 한다. 사실은 현재 우리의 교육이 수학을 어려운 학문으로 만들어가고 있는 것이다. 그러나 수학이 언제나 어려운 것만은 아니다. 수학을 좀더 쉽게 공부하려면 먼저 고대부터 수학과 관련된 간단한 여러 가지 사실들을 습득함으로써 수학의 기초를 이해하고, 과거의 뛰어난 수학자들의 수학적 사고를 받아들이고 분석하여 일상생활에서도 수학적인 사고를 할 수 있어야 한다.

　수학은 고대의 가장 뛰어난 과학자이자 수학자인 아르키메데스를 비롯하여 뉴턴의 만유인력의 법칙과 아인슈타인의 상대성 이론에 이르기까지 인류 역사의 흐름에 막대한 영향을 끼쳤다. 사실, 인류 역사를 주도해 가는 사람들을 지배하는 사고는 수학적인 것이다. 수학적인 사고는 일반인들에게 어느 정도 거리감이 있는 것이 사실이다. 그러나 수학적인 사고는 어느 특정인의 전유물이 결코 아니므로, 과거의 위대한 수학자에 대한 생애와 업적들을 소개함으로써 현대를 살아가는 우리들이 수학적인 사고에 좀더 편안하게 접근할 수 있게 도와주는 것이 수학자가 해야 할 역할의 일부라고 생각한다. 때문에 지은이는 평소에 중·고등학교 정도의 교육을 받은 사람이면 누구나 부담 없이 수학적인 사고를 자극받으며 흥미롭게 수학에 접근할 수 있는 내용의 책을 만들려고 생각하고 있었다.

이 책은 수학을 전공하지 않았으나 수학에 관심 있는 사람, 또 수학을 전공한 사람 모두에게 수학에 좀더 쉽게 접근하게 하기 위하여 썼다. 따라서 이 책은 중·고등학교에서 수학을 공부한 사람이면 누구든지 읽을 수 있도록 쉬우면서도 간단한 내용으로 이루어져 있다. 이 책은 읽기 편하도록 수학사의 연대순으로 되어 있으나 어느 부분을 먼저 읽더라도 간단한 수학 지식과 수학에 관련된 재미있는 이야기를 얻을 수 있으므로 반드시 처음부터 읽지 않아도 된다. 특히 수학 선생님이 수업을 진행하다가 수업의 내용과 관련된 간단한 수학 이야기를 학생들에게 부담 없이 들려 줄 수 있게 편집하였다.

유대교의 랍비(유대교의 율법학자로, 존경받을 만한 인물이나 학식 있는 선생을 부르는 존칭어이다) 주시아는 도둑에게서도 배울 점이 있다며 다음과 같이 말하였다.

"도둑은 밤늦도록 일한다. 그는 자신의 목표를 하루에 끝내지 못하면 다음 날 다시 도전한다. 그는 함께 일하는 동료의 모든 일을 자기 일처럼 느낀다. 그는 적은 소득에도 목숨을 걸고, 아주 값진 물건도 집착하지 않고 몇 푼의 돈과 바꿀 줄 알며, 시련과 위기를 잘 넘긴다. 그는 자신의 일에 최선을 다하며 자기가 지금 무슨 일을 하고 있는가를 잘 알고 있다."

이처럼 도둑에게서도 배울 점이 있는데, 이 책을 읽는 독자들은 비록 내용은 충실하지 못하지만 이 책에서 많은 것을 얻었으면 하는 바람이다. 또한 더 폭넓고 깊은 내용을 원하는 독자들을 위하여 이 책의 뒷부분에 참고문헌을 소개하였다.

케플러는 《우주의 조화》에서 다음과 같이 말하였다.

"나는 나와 동시대의 사람들 또는 후대의 사람들을 위하여 이 책을 쓰고 있다. 나는 나의 책을 읽어 줄 독자들을 100년 동안 기다려야 할지도 모른다. 그러나 신은 한 명의 관찰자를 6,000년 동안 기다리지 않았는가?"

저자도 케플러와 같은 마음으로 이 책을 썼다.

이 책이 나오기까지 원고 정리와 여러 가지 노고를 아끼지 않은 사랑하는 아내에게 감사하고, 이 책의 초고를 처음부터 끝까지 읽고 감수해주신 성균관대학교 수학과 선형대수학 그룹의 모든 분들께 감사를 드리며, 원고 정리를 도와 준 대학원생들에게 감사한다. 또한 이 책이 출판될 수 있게 도와준 도서출판 경문사 박문규 사장님과 편집부 여러분께 감사를 표한다.

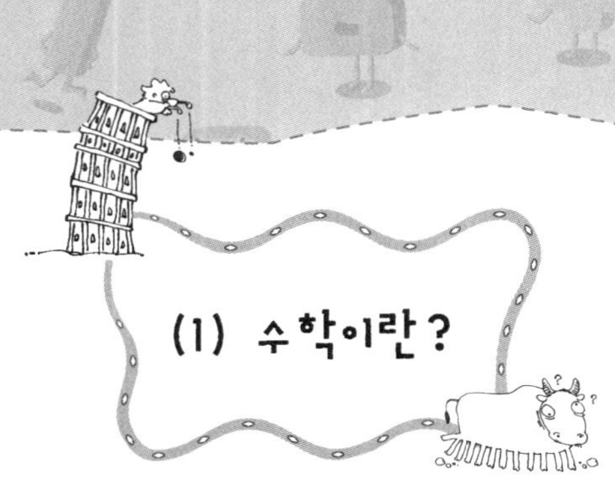

두 명의 죄수가 있었다. 한 명은 수학교수였고, 다른 한 명은 그 교수의 학생이었다. 그들은 모두 사형수였는데 사형수의 마지막 유언을 들어주는 관습에 따라서 살려달라는 소원을 제외하고는 그들의 소원을 한 가지씩 들어주기로 하였다. 먼저, 수학교수에게 소원이 무엇인지를 물었다. 그러자 그 교수는

"나의 마지막 소원은 제자인 저 학생에게 마지막으로 수학을 강의하는 것입니다."

라고 했고, 사형 집행자들은 그 소원을 들어주기로 했다. 그리고 학생에게도 마지막 소원을 물었다. 그 학생은 잠시 생각에 빠지더니

"나의 마지막 소원은 저 교수님이 나에게 수학을 강의하기 전에 나를 사형시켜주는 것입니다."

라고 했다. 사형 집행자들은 그 소원도 들어주어야만 했으므로 고민에 빠지게 되었다. 교수의 소원을 들어주려면 학생에게 강의를 하도록 해야 하고 학생의 소원을 들어주려면 강의하기 전에 죽여야 했기 때문이다. 결국 그들을 사형시킬 수 없었다.

수학은 목숨을 살리는 학문이다

신화와 수학

우리는 원시시대의 동굴벽화 등으로부터 수를 세는 방법이 유사 이전부터 있었다고 추측할 수 있다. 실제로 다음 그림은 이집트의 벽화에 나타나 있는 상형문자로 수를 세기 위하여 사용된 것이다. 이집트인들은 10진법을 사용하였으며, ┃은 막대기 모양으로 일(1)을 나타내고, ∩은 뒤꿈치 뼈 또는 멍에 모양인데 십(10)을 나타내며, ϑ은 새끼줄이 꼬여 있는 모양으로 백(100)을 나타낸다. 더욱더 큰 수를 나타내는 상형문자로 다음과 같은 것들이 있다.

천(1,000)을 나타내는 수로 연꽃이다. 나일 강에 연꽃이 많이 피어 있었기 때문에 이것을 1,000으로 나타내었다.

만(10,000)을 나타내는 수로 집게손가락이라고도 하고, 나일 강변에서 자라는 파푸아의 싹이라고도 한다. 파푸아는 고대 이집트에서 오늘날의 종이와 같은 역할을 했던 파피루스를

만드는데 사용된 갈대와 비슷한 식물이다.

 십만(100,000)을 나타내는 수로 올챙이 모양이다. 이 모양을
십만으로 나타낸 이유는 올챙이가 한곳에 많이 모여 있기 때
문이다.

 백만(1,000,000)을 나타내는 수로 너무 큰 수이기 때문에 사
람이 놀라서 손을 번쩍 들고 있는 모양이다.

 천만(10,000,000)을 나타내는 태양 모양의 수이다. 이 그림
은 신을 뜻한다고 하여 사람의 힘으로는 알 수 없는 '무한대'
를 뜻하기도 한다.

그리스 신화에서 뛰어난 지략가로 알려진 오디세우스(Odysseus, 로
마식으로 율리시스(Ulysses)라고도 한다.)를 다룬 호메로스의 서사시 〈오
디세이아(Odyssey)〉에는 수를 세는 방법에 관한 다음과 같은 이야기가
있다.

오디세우스는 여행 중에 바다의 신 포세이돈과 요정 토오사의 아들인 외
눈박이 거인족 키클롭스(Cyclops) 가운데 가장 힘이 센 폴리페모스
(Polyphemos)를 장님으로 만들고 키클롭스들이 사는 곳을 떠났다. 그 후 이
불쌍한 거인은 아침마다 자신의 동굴 입구에 앉아서 양들이 한 마리씩 동굴
에서 나올 때마다 조약돌을 한 개씩 동굴밖에 놓았고, 저녁에 양들이 돌아오
면 한 개씩 동굴 안으로 들여 놓았다.

이 이야기는 매우 단순한 방법인 일대일 대응의 원리를 사용하여 수를 세는 방법을 알려주고 있는 최초의 기록이다. 이 밖에도 일대일 대응의 원리를 사용하여 수를 세는 방법은 여러 가지 이야기가 있다.

오늘날 아메리카의 원주민이라고 하는 미국의 인디언들은 자신의 영토를 지키기 위한 백인들과의 전쟁에서 백인의 머리 가죽을 벗겼다. 그것은 그들이 잔인해서가 아니라 자기가 싸워 이긴 백인의 수를 알기 위한 것이었다. 즉 전리품의 개수를 표시하기 위한 것이다. 이와 같은 일은 우리에게도 있었는데, 일본인들은 임진왜란 때 자신들의 전공을 과시하기 위하여 우리 조상들의 코와 귀를 베어갔다. 그래서 지금도 우리 조상의 '코 무덤'과 '귀 무덤'이 일본에 남아 있다고 한다.

아프리카 원주민들은 왜 목에 동물의 어금니를 걸고 다닐까? 그것은 자기가 잡았던 동물들의 수로 자신의 용맹함을 과시하기 위한 것이었다. 또 아프리카의 유명한 부족인 마사이(Masai)족 미혼여성은 자신의 나이를 알리기 위하여 자기의 나이와 같은 개수만큼 놋쇠 목걸이를 하고 다녔다.

또, 영어 단어 중에는 'to chalk one up'이 있다. 이것은 '기록하다'라는 뜻으로 옛날 술집 주인이 손님들이 마시는 술잔의 수를 석판 위에 분필로 표시한 데서 유래한 것이다. 그리고 스페인의 관용구인 'echai chins'는 '조약돌을 던지다'라는 뜻인데, 옛날 술집 주인이 손님들이 마시는 술잔의 수를 손님들의 두건 위에 조약돌을 던져 계산했던 전통에서 유래했다.

이것 외에도 일대일 대응 원리를 이용하여 수를 세는 방법은 《성경》에서도 찾을 수 있다. 구약성서에는 '노아(Noah)의 방주'에 관한 이야기가 있다. 지구상의 모든 동물 한 쌍씩을 태운 방주는 49일간을 떠돌아 다녔다. 그리고 노아는 방주가 물 위를 떠돌아 다닌 날짜를 정확하게 알고 있었다. 과연 노아는 어떻게 49일이 지났다는 것을 알 수 있었을까? 그것은 그의 아내가 긴 끈으로 하루가 지날 때마다 매듭을 한 개씩 지음으로써 날짜를 정확하게 계산한 덕분이었다.

노아의 방주에 관하여 좀더 자세히 알아보자. 《성경》에는 다음과 같은 구절이 나온다.

…… 비는 40일 동안 밤낮을 가리지 않고 쏟아졌다. …… 물은 땅위에 가득하고, 이어 모든 산을 온통 덮어 버렸다. 지상의 모든 생물은 물에 씻기어 없어지고, 다만 노아와 함께 배에 탔던 짐승들만이 살아남았다.

이 대홍수에 관한 기록을 수학적으로 분석해보자. 대홍수를 일으켰던 물은 증발하여 지상의 공기 속으로 돌아갔을 것이며, 또한 대홍수를 일으켰던 물, 즉 비도 대기 중에서 생긴 것이다. 따라서 이 물은 현재에도 역시 대기 중에 있어야 한다. 그런데 기상학에 의하면 가로와 세로의 길이가 각각 1미터인 정사각형의 땅 위의 공기 기둥 속에는 수증기가 평균 16킬로그램 포함되어 있으며, 많아도 25킬로그램 이상을 넘지 않는다고 한다. 25킬로그램, 즉 25,000그램의 물의 부피는 25,000 세제곱센티미터이고, 정사각형의 땅 넓이가 $1m^2 = 10,000cm^2$이므로 물의 부피를 밑넓이로 나누면

$$25,000 \div 10,000 = 2.5(cm)$$

이다. 따라서 전 세계를 덮은 대홍수는 기껏해야 수심 2.5센티미터밖에 되지 않는다. 대기 중에는 이 이상의 수분이 없기 때문이다. 또한이 깊이는 내린 비가 땅속에 스며들지 않는다고 가정했을 때의 깊이다. 물의 깊이 2.5센티미터는 지상 8,848미터, 즉 884,800센티미터의에베레스트 산 정상에도 훨씬 못 미친다. 따라서 《성경》에 나오는 대홍수는 무려 350,000배 이상이나 과장된 것이다. 왜냐하면 40일 동안 비가 25밀리미터 내렸으므로 하루 동안에 내린 비의 양은 평균 0.625밀리미터이고, 이 양은 내려도 별로 표시가 나지 않는 양이다. 그러나 원래 신화는 상징적이며, 이와 같은 수학적인 과정으로는 따질 수 없는것이다. 즉 신화와 과학은 또 다른 문제인 것이다.

어째든 일대일 대응의 개념은 아주 옛날부터 수를 세는 기초 개념으로 인식되어 왔으며, 지금도 아이들이 자기의 생일을 달력에 표시해놓고 생일이 될 때까지 달력에서 하루하루를 지워가는 것을 볼 수 있는데, 이것이 바로 일대일 대응의 원리인 것이다.

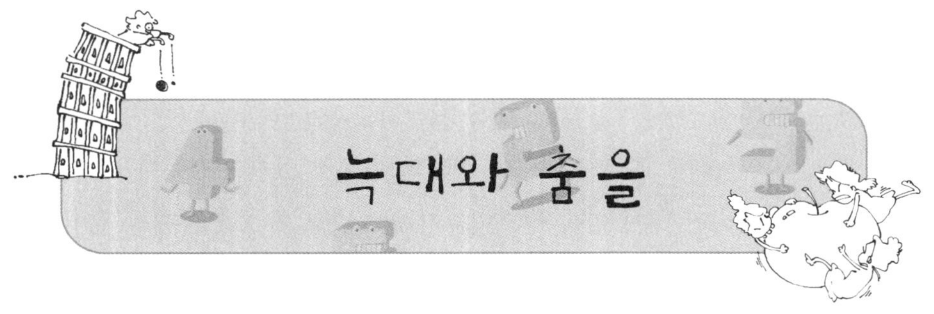

수리논리학 분야에서 뛰어난 업적을 이루었고 평화운동과 핵무장 반대운동을 비롯한 사회정치운동을 했으며, 1950년 노벨 문학상을 수상한 영국의 논리학자이자 철학자인 러셀(Bertrand Russell, 1872~1970)은 '수'에 관하여 다음과 같은 말을 하였다.

인류가 닭 두 마리의 '2'와 이틀의 '2'를 같은 것으로 이해하기까지는 수천 년이 걸렸다.

이 말은 사실이다. 이것을 뒷받침하는 예로 '한 쌍'을 나타내는 말에는 다음과 같이 여러 가지 표현이 있다는 것을 들 수 있다.

team(한 쌍의 말)

span(한 쌍의 노새)

yoke(한 쌍의 소)

pair(한 켤레의 신발)

인류가 수를 사용하기 시작한 것은 겨우 몇 천 년에 지나지 않는데, 처음에는 단순히 소리로써 수를 나타내고 셈을 했다. 소리로써 수를 표현하면 큰 수는 나타내기가 불가능하지만, 당시에는 큰 수가 필요 없었기 때문에 소리로써 표현되는 수만으로도 생활하는데 큰 불편은 없었다.

소리로써 수를 나타내고 셈을 했던 예로 오스트레일리아(Australia)와 뉴기니아(New Guinea) 사이에 사는 파푸아(Papua) 원주민들의 수를 들 수 있는데, 그들이 사용한 수사는 다음과 같다.

1 : 우라펀(Urapun)   2 : 오코사(Okosa)

그들은 이 두 수사를 사용하여

3 : 오코사 우라펀   4 : 오코사 오코사

5 : 오코사 오코사 우라펀   6 : 오코사 오코사 오코사

⋮   ⋮

와 같이 수를 세고 셈을 하였다.

　좀 오래된 영화이지만 아메리카 원주민과 백인의 사랑과 평화를 그린 '늑대와 춤을'이라는 영화가 있다. 이 영화를 보면 아메리카 원주민들의 이름이 특이하다는 것을 알 수 있다. 이를테면 그 영화에 등장하는 원주민들의 이름은 '주먹 쥐고 일어서', '발로 차는 새', '바람들은 머리' 그리고 '늑대와 춤을' 등과 같다. 잘 생각해보면 알겠지만 그들의 이름은 어떤 특별한 행동에 의하여 붙여졌다. 그들이 사용하던 수사도 이름만큼이나 독특하다. 남아메리카의 카마유라(Kamayura) 부족은 인간의 손과 관련된 다음과 같은 수사를 사용했다.

1 : 끝이 구부러졌다(새끼손가락이 오므라졌다).

2 : 하나 더 구부러졌다(약지 손가락이 오므라졌다).

3 : 가운데 것이 구부러졌다(중지가 오므라졌다).

4 : 단 하나만 남는다.

5 : 내 손을 다 썼다.

10 : 내 손들을 다 썼다.

이것으로 '3월 15일'을 표현하면 '가운데 것이 구부러진 달의 내 손들을 다 쓰고 내 손을 다 쓴 날'이 된다.

수를 표현하는 방법은 소리 이외에도 여러 가지가 있었다. 가장 복잡한 수 체계 중 하나는 파푸아인들의 '몸짓 수'일 것이다. 그들은 말로 이루어지지 않은 수를 몸짓을 이용하여 나타냈다. 그들이 어떤 몸짓으로 수를 표현했는가를 살펴보자.

1 : 오른손 새끼손가락	2 : 오른손 약지
3 : 오른손 중지	4 : 오른손 검지
5 : 오른손 엄지	6 : 오른손 손목
7 : 오른손 팔꿈치	8 : 오른쪽 어깨
9 : 오른쪽 귀	10 : 오른쪽 눈
11 : 왼쪽 눈	12 : 코
13 : 입	14 : 왼쪽 귀
15 : 왼쪽 어깨	16 : 왼손 팔꿈치
17 : 왼손 손목	18 : 왼손 엄지

19 : 왼손 검지　　　　　　20 : 왼손 중지

21 : 왼손 약지　　　　　　22 : 왼손 새끼손가락

이런 과정을 거쳐 발전한 수 체계들 중 고대의 것이 아직도 사용되는 것들로는 12를 기본으로 하는 시간의 계산과 1년을 열두 달로 나누는 12진법, 각도와 시간에서 1시간을 60분으로, 또 1분을 60초로 나누는 60진법, 독일 농부들의 농사 달력에 쓰였던 5진법 등이 있다. 여러 가지 진법 중에서 가장 단순한 2진법은 오늘날 컴퓨터에서 사용되고 있으며, 동양의 '음양 사상'에서 그 기원을 찾을 수 있다. 실제로 2진법은 '음양사상'을 알게 된 서양의 수학자 라이프니츠가 처음으로 생각해 낸 것이다.

예로부터 대부분의 민족이 사용했고, 현재 우리가 사용하고 있는 10진법은 단순히 생물학적인 이유, 즉 우리의 손가락이 모두 열 개인데서 비롯되었다. 만약 손가락의 개수가 7개 또는 9개였다면 아마도 7진법이나 9진법을 썼을 것이다.

사실 60진법은 고대 바빌로니아에서 쓰였는데, 유럽에서는 17세기까지만 해도 흔히 쓰였다. 그런데 그들은 왜 간편하고 자연스러운 10진법을 사용하지 않고 까다롭고 부자연스러운 60진법을 사용하였을까? 확실한 이유는 알 수 없지만 많은 사람들은 다음과 같은 추측한다. 10이라는 수는 60에 비하여 융통성이 덜한 수이다. 두 수의 약수를 생각하면 10에는 2와 5 두 개의 약수가 있지만 60에는 2, 3, 4, 5, 6, 10, 12, 15, 20, 30 등 모두 10개의 약수가 있다. 실생활에서는 어떤 수를 2, 3, 4, 5 등의 수로 나눌 필요가 많이 발생한다. 간단한 예로, 오늘날 4로 나누는 용어를 쿼터(quarter)라 하여 많이 사용하고 있는데, 4는 10을 나눌 수 없으나 60을 나눌 수는 있으므로 10진법보다는 60진법이 소수의 복잡한 계산을 피하는데 유용하다. 60진법을 사용한 가장 큰 이유는 소수로 나타낼 수 있는 분수의 가짓수가 10진법의 경우보다 많다는 이유 때문일 것이다. 실제로 어떤 구간이 주어지면 이 구간을 10등분하여

$$0.1, 0.2, 0.3, \cdots, 0.9, 1$$

등을 만들 수 있고, 등분된 각각의 작은 구간을 다시 10등분하면

$$0.01, 0.02, \cdots, 0.09, 0.1$$

을 얻는다. 이와 같은 방법으로 계속해 나가면 우리는 분수로 표현된 수를 소수로 고칠 수 있게 된다. 그러나 불행하게도 이런 식의 분해는 간단한 소수인 $\frac{1}{3}$조차도 나타낼 수 없다. 그 이유는 3은 10의 약수가 아니기 때문이다.

$$\text{10진법 분수} : \frac{1}{2}, \frac{1}{5}, \frac{1}{10}, \frac{1}{20}, \frac{1}{50}, \cdots$$

$$\text{60진법 분수} : \frac{1}{2}, \frac{1}{3}, \frac{1}{4}, \frac{1}{5}, \frac{1}{6}, \frac{1}{10}, \frac{1}{20}, \frac{1}{30}, \frac{1}{50}, \cdots$$

우리나라와 중국에서는 예로부터 10진 기수법을 사용하였으며, 우리 민족은 수를 순수한 우리말로 다음과 같이 표현하였다.

1 : 하나,   2 : 둘,   3 : 셋,   4 : 넷,   5 : 다섯,
6 : 여섯,   7 : 일곱,   8 : 여덟,   9 : 아홉,   10 : 열,
20 : 스물,   30 : 서른,   40 : 마흔,   50 : 쉰,
60 : 예순,   70 : 일흔,   80 : 여든,   90 : 아흔,
100 : 온,   1000 : 즈믄

　오늘날 현재 우리가 사용하는 **수**의 단위는 중국에서 비롯된 것으로 다음과 같다.

일(一, 1)	십(十, 10)	백(百, 10^2)
천(千, 10^3)	만(萬, 10^4)	억(億, 10^8)
조(兆, 10^{12})	경(京, 10^{16})	해(垓, 10^{20})
자(仔, 10^{24})	양(穰, 10^{28})	구(溝, 10^{32})
간(澗, 10^{36})	정(正, 10^{40})	재(載, 10^{44})
극(極, 10^{48})	항하사(恒河沙, 10^{52})	아승기(阿僧祇, 10^{56})
나유타(那由他, 10^{60})	불가사의(不可思議, 10^{64})	무량대수(無量大數, 10^{68})

　이 가운데 항하사에서 항하란 인도의 갠지스 강을 한자로 표현한 것이며, 항하사는 '항하 강의 모래알의 수'를 나타낸다. 또 항하사보다 큰 단위는 모두 불교 경전에 나오는 갈들로 아승기는 아승지라고도 하였으며, 아주 오랜 시간을 나타내는 말로 '아승기 겁'이란 말이 있다. 불가사의는 '상식으로는 도저히 생각할 수 없는 것' 또는 '이상한 것'을 의미한다. 또한 무량대수는 수사를 드 개로 나누어 무량(無量)을 10^{68}, 대수(大數)를 10^{72}이라고 쓰는 경우도 있다. 그런데 불교 경전에 이런 엄청난 수가 등장하는 이유는 무엇일까? 그것은 아마도 인간의 무지를 깨우쳐주기 위함일 것이다. 즉, 인간세계는 무궁한 우주에 비하면 아무것도 아니므로, 인간이 아무리 큰 수를 생각하여도 그보다 더 큰 수가 있다는 것을 깨우쳐주기 위함이 아닐까?

　한편, 작은 수의 명칭을 알아보면 다음과 같다.

분($分$, $\frac{1}{10}=10^{-1}$)	리($釐$, $\frac{1}{100}=10^{-2}$)	호($毫$, $\frac{1}{1000}=10^{-3}$)
사($糸$, $\frac{1}{10000}=10^{-4}$)	홀($忽$, 10^{-5})	미($微$, 10^{-6})
섬($纖$, 10^{-7})	사($沙$, 10^{-8})	진($塵$, 10^{-9})
애($埃$, 10^{-10})	묘($渺$, 10^{-11})	막($莫$, 10^{-12})
모호($模糊$, 10^{-13})	준순($浚巡$, 10^{-14})	수유($須臾$, 10^{-15})
순식($瞬息$, 10^{-16})	탄지($彈指$, 10^{-17})	찰나($刹那$, 10^{-18})
육덕($六德$, 10^{-19})	공허($空虛$, 10^{-20})	청정($淸淨$, 10^{-21})

큰 수의 단위와 마찬가지로 이것도 대부분은 불교 경전에서 비롯된 것이다. '진'과 '애'는 둘다 먼지를 뜻하는 말로 인도에서는 가장 작은 양을 나타낸다. '모호'는 '정신이 나간 것처럼 멍하니 있는 것'을 말하며 '찰나'는 '눈 깜짝할 사이'라는 뜻이고, 우리가 많이 사용하고 있는 '순식간에 일어난 일'이라고 할 때 나오는 '순식'도 작은 수의 단위이다.

우리 조상들은 이미 위와 같은 작은 단위들을 많이 사용했다. 다음 시조는 조선 말기의 유명한 시인 김삿갓이 지은 것으로 작은 수의 단위가 사용되고 있는데, 어디서 작은 수의 단위가 사용되었는지 독자들이 직접 찾아보기 바란다.

一峯二峯 三四峯 (일봉이봉 삼사봉)　　하나, 둘, 셋, 네 봉우리
五峯六峯 七八峯 (오봉육봉 칠팔봉)　　다섯, 여섯, 일곱, 여덟 봉우리
須臾更作 千萬峯 (수유갱작 천만봉)　　잠깐 사이에 천만 봉우리로 늘어나더니
九萬長天 都是峯 (구만장천 도시봉)　　온 하늘이 모두 구름 봉우리로다.

 (1) 수학이란? _ 수학은 목숨을 살리는 학문이다

　이러한 수의 단위들은 모두 10진 기수법에 의한 것이며, 우리는 0, 1, 2, …, 9의 10개의 숫자만 있으면 어떤 수도 모두 나타낼 수 있다. 이러한 기수법을 위치적 10진 기수법, 간단히 10진법이라 한다. 위치적 10진 기수법은 숫자 0, 1, 2, …, 9와 더불어 인도에서 시작되어 서쪽의 아라비아를 거쳐 유럽에 전파되어 오늘에 이르고 있다. 그래서 우리는 10진 기수법에 사용되는 숫자를 '인도-아라비아 숫자'라고 한다.

　10진법에 의한 오늘날의 수 표현방법은 세 자리씩 한 묶음으로 하여 콤마(,)를 찍어 표시한다. 사실 이 방법은 서양인들의 명수법이며 천 단위마다 새로운 수사를 사용하는 '천진법'을 사용하고 있어 우리에게는 불편한 점이 있다. 즉

1,000	(천, Thousand)
1,000,000	(백만, Million)
1,000,000,000	(십억, Billion)
1,000,000,000,000	(조, Trillion)

그러나 동양의 명수법은 전통적으로 만 단위마다 새로운 수사를 사용하는 '만진법'이다. 즉

1,0000	만
1,0000,0000	억
1,0000,0000,0000	조
1,0000,0000,0000,0000	경

따라서 우리에게는 네 자리씩 한 묶음으로 하여 콤마(,)를 찍어 표현하는 것이 지금의 사용방법보다 편리하다. 예를 들어, 현재 사용하고 있는 표현으로 나타낸 다음의 수를 직접 읽어보자.

$$12,345,678,912$$

수에 관한 전문가가 아닌 이상, 이 수를 읽으려면 일 단위부터 거꾸로 단위를 알아낸 다음에 처음부터 다시 읽어야 할 것이다. 그러나 이 수를 네 자리씩 콤마를 사용하여 표현하면

$$123,4567,8912$$

이고, 전통적인 명수법을 이용하여 쉽게 읽을 수 있다. 즉

'일백 이십 삼억 사천 오백 육십 칠만 팔천 구백 십 이'

 (1) 수학이란? _ 수학은 목숨을 살리는 학문이다

　따라서 네 자리씩 콤마를 찍어서 수를 표현하는 것이 우리의 정서에
는 더 맞고 편리하다는 것을 알 수 있다.

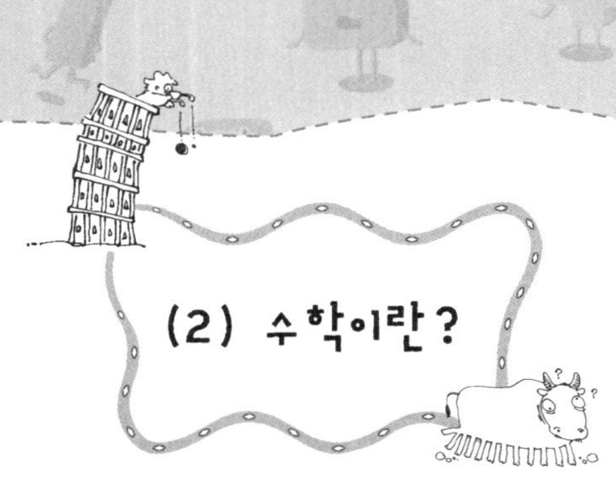

(2) 수학이란?

어떤 수학 선생님이 매 수업시간마다 너무 자주 질문하는 학생 때문에 수업을 제대로 진행할 수가 없었다. 그래서 어느 날 수학 선생님은 중대한 결심을 하고 수업에 들어갔다. 그리고 그 학생에게 다음과 같이 말했다.

"자네 때문에 수업에 지장이 많으니 이 시간 이후부터 자네에게는 한 시간에 단 두 가지 질문만을 허락하겠네."

그러자 그 학생은

"단 두 가지 질문밖에는 할 수 없습니까?"

하고 물었고, 선생님은 대답했다.

"이제 한 가지 질문만 남았네."

수학은 질문의 학문이다.

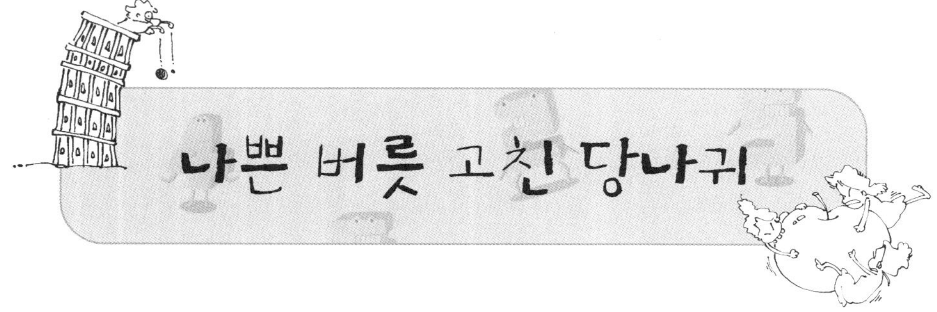

인류가 정착생활을 하면서 시작된 문명은 주로 강을 끼고 나타났다. 4대 문명의 발상지로 일컬어지는 아프리카의 나일 강, 서아시아의 티그리스 강과 유프라테스 강, 중앙아시아의 인더스 강, 동아시아의 황하 등이 그것이다. 이 지역들은 토지가 비옥하고, 수송과 배수, 치수, 관개 등이 발달하면서 측량과 세금부과 등 실질적인 문제가 발생하였고, 실용적인 산술과 측량으로부터 수학이 싹트기 시작했다.

이러한 사실들을 기록하고 보관하는 방법으로 초기 중국과 인도에서는 나무껍질과 대나무 등을 썼는데 이것들은 모두 부패하기 쉬운 것이었다. 반면 건조한 기후인 바빌로니아와 이집트에서는 구운 점토판이나 파피루스(papyrus)에 기록했기 때문에 이 지역의 유물은 현재까지도 상당히 많은 양이 남아 있다. 그래서 세계 수학사 연구의 대부분이 바빌로니아와 이집트에 치우쳐 있다.

이러한 기록들에 의하면, 인류 최초의 기하학적 고찰은 인간의 무의식과 인간을 감동시킨 자연에서 시작되었다. 모든 사람이 본능적으

로 알고 있는 개념인 '직선은 두 점을 연결하는 최단 경로이다'라는 것 같은 최초의 무의식적인 기하적 개념과 자연현상에 나타나는 것, 즉 해와 보름달의 둥근 원, 무지개의 호, 통나무 단면의 나이테, 거미의 육각형집 등이 그 예이다. 이런 단계의 기하학을 '잠재적 기하학(subconscious geometry)'이라고 한다. 이러한 초기 수학은 논증이 없는 단순한 과정의 수학이었고, 그로 인하여 오류드 대단히 많았다. 기하학은 첫 번째 단계인 잠재적 기하학에서 두 번째 단계인 '실험적 기하학(experimental geometry)'으로 발전하였는데, 실험적 기하학은 구체적인 기하학적 관계들의 모임으로부터 일반적이고 추상적인 관계를 추측했던 기하학이다. 기하학의 세 번째 단계는 '논증적 기하학(demonstrative geometry)'으로 이 논증적 기하학의 최초의 등기유발은 탈레스(Thales)에 의하여 이루어졌다.

고대 7현인 중 한 사람으로 일컬어지는 탈레스는 소아시아의 서부 해안 도시 밀레투스(Miletus)에서 살았다고 알려져 있다. 그가 생존한 시기는 기원전 640년에서 기원전 546년경일 것이라고 추정하지만 분명치는 않다.

탈레스는 평생을 독신으로 살았으며 인품이 좋지는 않았던 것으로 알려져 있다. 그 예로, 한 번은 그의 절친한 친구 솔론이 그에게 왜 결혼을 하지 않느냐고 물었다. 탈레스는 대답을 하지 않고 웃음으로 넘겼다. 그리고 얼마 후 사람을 시켜 솔론에게 솔론의 아들이 죽었다는 전갈을 보냈다. 이 소식을 들은 솔론은 몹시 고통스러워하며 깊은 슬픔에 빠졌다. 그때 탈레스는 솔론을 찾아가서 그의 손을 잡고 웃으며 말했다.

"여보게 친구, 이것이 내가 결혼하지 않은 이유라네."

물론 솔론의 아들은 죽지 않았다.

탈레스는 천문학에도 관심이 많았으며 유명한 점성가이기도 했다. 어느 맑은 날 저녁 그는 하늘의 별들을 관찰하는 데만 신경을 쓰며 길을 걷다가 발을 헛디뎌 그만 시궁창에 빠지고 말았다. 간신히 기어 올라온 탈레스에게 지나가던 사람이 말했다.

"바로 코앞도 못 보는 사람이 높은 하늘에 있는 별에 관해서는 잘 알고 있군요."

물론 탈레스는 아무 말도 하지 못했을 것이다.

또, 다른 일화로 우리가 일반적으로 이솝의 이야기로 알고 있는 것이 있다.

어떤 마을의 농부가 당나귀를 키우고 있었는데, 그는 이 당나귀에 소금을 싣고 시장에 내다 팔곤 했다. 그런데 하루는 소금 짐이 너무 무거워 당나귀가 그만 냇가에서 넘어지고 말았다. 간신히 일어난 당나귀는 짐이 가벼워진 것을 알고, 그 다음부터 소금을 팔러 갈 때면 언제나 냇가에서 넘어졌다. 그래서 농부는 상당한 손해를 보았다. 이 문제로 고민하던 농부가 탈레스에게 자기의 고민을 이야기했고, 탈레스는 나귀의 짐을 소금대신 솜으로 바꾸라고 했다.

농부는 그가 시키는 대로 소금 짐을 솜으로 바꾸어 당나귀에게 실었고 나귀는 다시 냇가에서 넘어졌다. 그러나 물먹은 솜 때문에 짐이 더욱 무거워진 당나귀는 큰 고생을 하였고, 그 이후로 그 당나귀는 냇가

에서 다시 넘어지는 일이 없었다고 한다.

'학문의 아버지'로 불리지만, 일생에 대한 기록이 불분명한 탈레스는 수학적으로 아주 중요한 인물이다. 앞에서 말했던 것과 같이 그에게서부터 수학에 소위 '왜'라고 하는 논증수학이 시작되었기 때문이다. 논증수학을 한마디로 표현하면 수학적으로 '다툴 여지가 없이 명백한 결론'만이 수학의 결론이라는 것이다. 탈레스가 약간 괴팍한 성격의 소유자였던 것을 생각하면 그가 명성을 얻은 것은 학문적인 업적 때문이라고 생각된다. 수학에서 그의 업적은 수학을 엄격한 학문으로 만든 것이다. 그가 엄격하게 증명했다는 정리는 다음과 같다.

1. 원은 임의의 지름으로 이등분된다.
2. 교차하는 두 직선에 의하여 이루어진 두 맞꼭지각은 서로 같다.
3. 이등변삼각형의 두 밑각은 같다.
4. 반원에 내접하는 각은 직각이다.
5. 두 삼각형에서 대응하는 두 각이 서로 같고 대응하는 한 변이 서로 같으면 두 삼각형은 합동이다.

사실 위의 다섯 가지 결과는 탈레스 시대보다 훨씬 이전부터 알려져 있던 것들이다. 그리고 이 사실들은 모두 실험에 의하여 쉽게 알아낼 수 있는 것이다. 따라서 이 결과의 가치를 그것들의 내용으로 평가하기보다는 탈레스가 이것을 직관이나 실험 대신에 엄격한 논리적 추론으로 입증했다는 사실에 두어야 할 것이다. 여기서 네 번째 결과인

반원에 내접하는 각은 직각이다.

를 증명해보자. 이 증명에서 사용되는 반원은 모든 반원의 대표, 즉 임의의 반원이고 반원 둘레 위의 점 *P*도 또한 임의의 점이다.

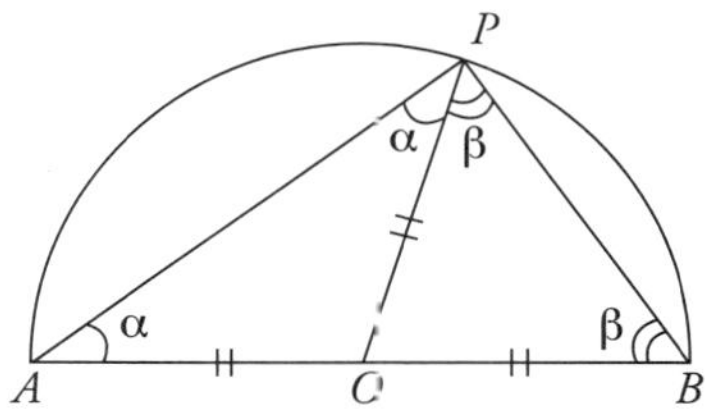

위의 그림에서와 같이 임의의 반원의 둘레 위에 임의의 한 점 *P*를 잡으면 삼각형 *AOP*와 삼각형 *BOP*는 각각 이등변삼각형이므로

$$\angle PAO = \angle APO = \alpha$$
$$\angle PBO = \angle BPO = \beta$$

이다. 그리고 삼각형 *APB*의 내각의 합이 180도이므로

$$\angle PAB + \angle ABP + \angle BPA = 180°$$

이다. 그런데

$$\angle PAB = \alpha, \quad \angle ABP = \beta$$

이고

$$\angle BPA = \angle APO + \angle BPO = \alpha + \beta$$

이므로

$$180° = \alpha + \beta + (\alpha + \beta)$$
$$= 2(\alpha + \beta)$$

이다. 따라서

$$\alpha + \beta = 90°$$

즉, 반원에 내접하는 각은 직각임을 알 수 있다. 이처럼 직관적으로 참이라고 생각되는 것들을 명확하게 증명하는 것은 쉽지 않으며, 탈레스 이후의 수학은 모두 이와 같은 명확한 증명을 요구받게 되었다.

크로톤의 하르곤

수학을 조금이라도 공부한 사람이라면 피타고라스(Pythagoras)를 모르는 사람은 없을 것이다. 왜냐하면 소위 '피타고라스의 정리'라는 직각삼각형에 대한 유명한 정리 때문이다.

피타고라스는 기원전 572년경에 에게 해의 사모스(Samos) 섬에서 태어난 것으로 추정되며, 탈레스보다는 약 50세 가량 어렸던 것으로 추측된다. 이런 사실로부터 피타고라스가 탈레스의 제자였다고 짐작하고 있다. 그는 그리스의 항구 도시 크로톤(Crotona)에 피타고라스 학교를 세우고 철학, 수학, 자연과학 등을 가르쳤다. 이곳에서의 수업 방식은 독특하게도 모두 구두로만 행하여졌으며, 어떠한 기록도 남기는 것을 허용하지 않았다. 그리고 이 학교에서 공부하고 연구하는 사람들을 '피타고라스학파'라고 일컬었다. 그들이 발견한 모든 내용은 단지 피타고라스 한 사람의 이름으로만 발표가 되었는데, 그 이유는 그들이 종교 집단의 성격이 강했기 때문이다. 실제로 피타고라스는 신과 가까워질 수 있는 방법으로 수학을 사용하였던 것이다.

나중에 피타고라스와 그의 제자들을 시기하던 세력의 모함으로 피타고라스의 제자 대부분은 죽고 피타고라스 학교는 해산되었다. 이 일로 피타고라스는 다른 도시로 피했지만 뮤즈의 신전에 갇혀 비극적인 죽음을 맞이했고, 제자들도 뿔뿔이 흩어졌다. 하지만 피타고라스가 죽고 얼마 지나지 않아서 크로톤의 시민들은 피타고라스와 그의 제자들에게는 잘못이 없다는 것을 알게 되었다. 그래서 그들은 피타고라스학파에게 다시 돌아올 것을 요청했다. 피타고라스학파 사람들은 시민들의 요청을 받아들였으며 그 후 약 200년 동안 존속되었다. 결국 피타고라스의 학문과 정신은 플라톤에게 전해져 오늘날 서양철학의 기초가 되었다.

피타고라스의 가장 큰 업적은 아마도 앞에서 이야기한 피타고라스의 정리일 것이다. 피타고라스는 이 정리를 발견하고는 아주 자랑스럽게 여겨 이것이 신의 축복 속에서 태어났다고 생각하여 신에게 소 100마리를 바쳤다고 한다. 그런데 피타고라스는 동물을 죽여서 신에게 바치는 것과 같은 경배를 금지하였기 때문에 밀가루 반죽을 사용하여

100마리의 소를 만들었다고 한다.

피타고라스 시대 이래로 피타고라스의 정리에 대한 수많은 증명이 나왔으며 루미스(Loomis)는 《피타고라스의 정리》라는 책의 제2판에서 이 정리에 대한 370여 개의 증명을 모아 분류하였다. 이후에도 이 정리의 새로운 증명방법이 계속 나오고 있어 현재는 약 400개 이상의 증명법이 알려져 있다. 그 좋은 예로 미국의 제20대 대통령인 제임스 가필드(James Abram Garfield, 1831~1881)도 이 정리를 증명했는데, 여기서 그의 증명을 간단하게 소개하겠다.

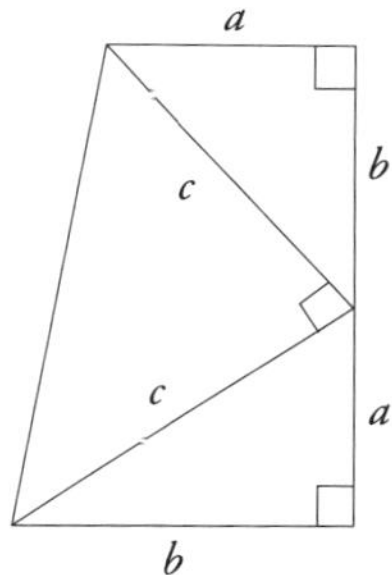

(사다리꼴의 넓이)$=(\dfrac{1}{2}\times($밑변$+$윗변$)\times$높이$)$이므로 위 그림으로부터 그 값은 다음과 같다.

$$\dfrac{1}{2}(밑변+윗변)\times 높이 = \dfrac{1}{2}(a+b)(a+b)$$
$$= \dfrac{1}{2}(a^2+2ab+b^2)$$

또 사다리꼴의 넓이를 밑변이 b, 높이가 a인 삼각형 두 개의 넓이에 한 변의 길이가 c인 정사각형의 반의 넓이를 더하여 구할 수 있으므로

$$\frac{1}{2}(ab)+\frac{1}{2}(ab)+\frac{1}{2}c^2$$

이다. 따라서

$$\frac{1}{2}(a^2+2ab+b^2)=ab+\frac{1}{2}c^2$$
$$\Rightarrow a^2+2ab+b^2=2ab+c^2$$
$$\Rightarrow a^2+b^2=c^2$$

따라서 피타고라스의 정리가 성립한다.

위의 증명법 이외에 몇 가지 특이한 증명법을 알아보자. 그런데 아무리 특이한 방법을 알려준다고 하더라도 피타고라스가 증명한 것으로 알려진 방법을 소개하는 것은 의미가 있다. 따라서 먼저 피타고라스가 증명한 방법을 알아보자.

a, b, c를 주어진 직각삼각형의 두 변과 빗변이라고 하고, 아래 그림에 있는 것과 같은 두 개의 정사각형을 생각하자. 각 정사각형의 변의 길이는 $(a+b)$이다. 왼쪽의 정사각형은 여섯 개의 부분으로 분할된다. 오른쪽의 정사각형은 다섯 개의 부분으로 분할되는데, 같은 것에서 같은 것을 뺌으로써 빗변에 대응하는 정사각형은 두 변에 대응하는 정사각형의 합과 같게 된다.

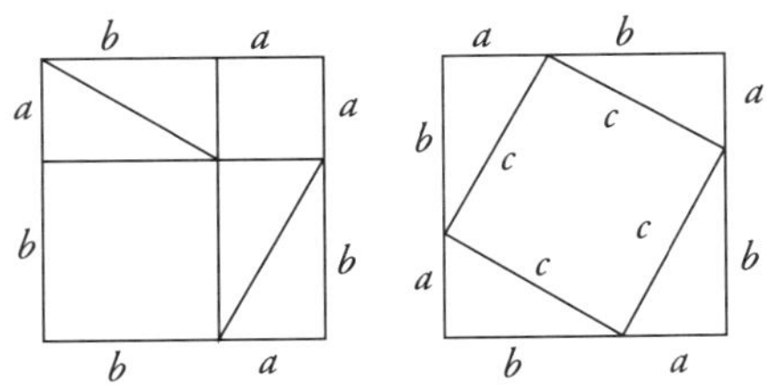

앞의 오른쪽 그림에서 가운데 부분이 실제로 변 c를 갖는 정사각형이라는 것을 증명하기 위해서, 직각삼각형의 각들의 합은 두 직각과 같다는 사실을 이용할 필요가 있다. 그런데 삼각형에서 이와 같은 일반적인 사실을 증명하기 위해서는 평행선의 성질에 관한 지식이 요구되기 때문에, 초기 피타고라스학파는 또한 평행선 이론의 발전에도 공헌한 것으로 여겨진다.

다음 그림은 유클리드의 증명법의 기초가 된 그림이다. 그림만 봐도 피타고라스 정리가 성립한다는 것을 알 수 있다.

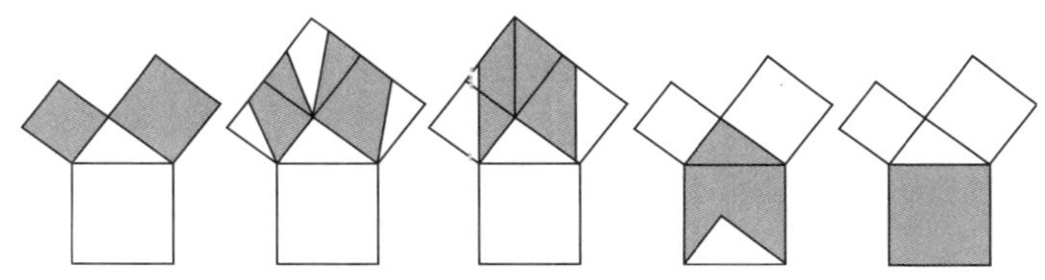

다음 그림은 듀드니(Dudeney)가 제시한 것으로 그림에서와 같이 위의 두 정사각형을 오려낸 조각들을 밑의 큰 정사각형에 붙이면 꼭 맞는다는 것을 알 수 있다.

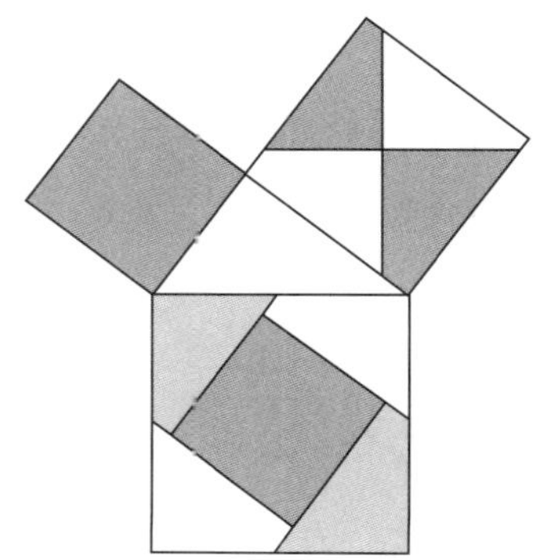

다음 그림은 마이클 하디(Michael Hardy)가 제시한 것으로 반지름

이 c인 원에 대한 비례관계로부터 피타고라스의 증명을 쉽게 발견할 수 있다.

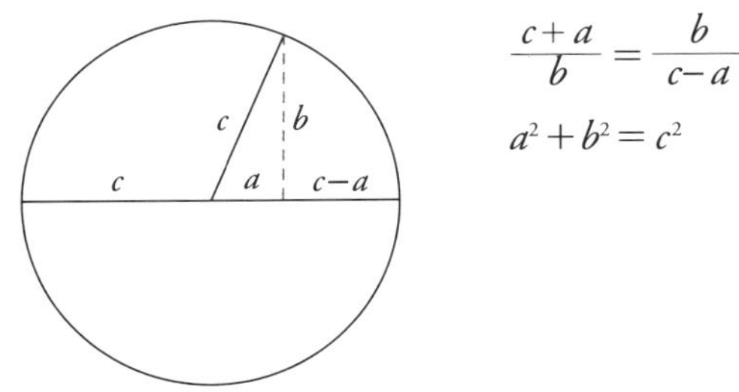

$$\frac{c+a}{b} = \frac{b}{c-a}$$

$$a^2 + b^2 = c^2$$

다음은 유휘(劉徽)가 제시한 증명법으로 듀드니의 방법과 마찬가지로 작은 정사각형을 오려낸 조각들을 큰 정사각형에 겹친 것이다.

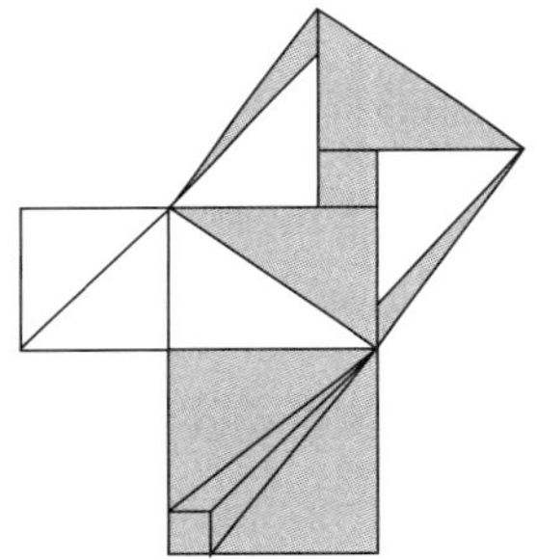

다음은 버크(Burk)가 제시한 것으로 주어진 직각삼각형에 각 변의 길이만큼 배를 하여 증명했다.

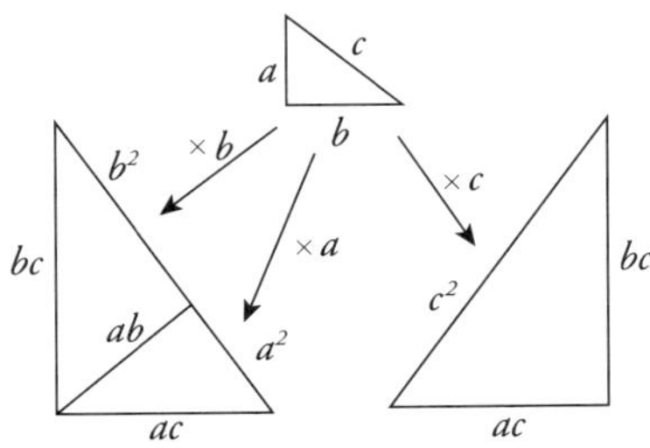

직각삼각형에 대한 피타고라스의 정리가 '만물의 근원은 정수'라는 피타고라스학파의 중심 사상을 무너뜨렸는데, 그것은 이 정리를 이용하여 '무리수(irrational number)'를 찾았기 때문이다. 피타고라스학파는 유리수가 아닌 수가 있다는 사실을 철저하게 숨겼다. 그래서 무리수가 있다는 사실을 발설하는 사람을 죽이기까지 했는데 전설과 같은 이야기가 전해 내려오고 있다.

당시 피타고라스학파였던 히파수스(Hippasus)가 처음으로 무리수를 발견하였다. 그런데 이 일은 피타고라스학파에게는 큰 충격이었다. 그래서 그들은 이런 수들을 '하르곤'이란 이름을 붙여서 오랫동안 극비에 붙였다. 하르곤이란 뜻은 '비합리적인(irrational)' 또는 '비이성적인'이라는 그리스어로 '합리적인'이라는 '로고스'와 이를 부정하는 접두어 '하'의 합성어이다. 이 무리수의 발견으로 피타고라스학파가 겪어야 했던 모든 고통 때문에 히파수스는 지중해에 던져졌다고 한다. 그러나 이런 이야기는 피타고라스와 그의 제자들이 추구했던 '조화로운 세상 만들기'와 어울리지 않기 때문에 무리수에 흥미를 주기 위하여 후세 사람들이 만들어낸 것으로 추측하고 있다.

　무리수의 발견을 발표하지 않은 피타고라스학파는 그들 학파의 상징으로 정오각형에 별을 그려 넣은 모양으로 잡았는데, 그 이유는 별의 임의의 한 변은 그것과 교차되는 나머지 두 변을 '황금분할(golden section)'하기 때문이었다.

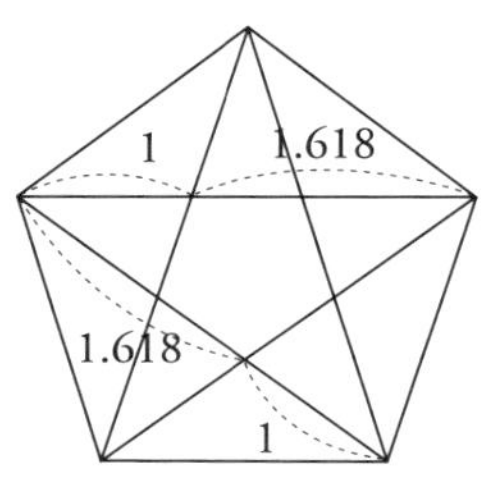

　황금분할에 관하여는 기원전 4700년경에 건설된 이집트의 피라미드에 이미 나타나지만 '황금분할' 또는 '황금비'라는 명칭은 그리스의 수학자 에우독소스(Eudoxus)가 처음으로 붙인 것이라고 한다. 그리스인들은 이 황금비에 흠뻑 빠져서 장신구, 그림, 조각품, 건축물 등에 즐겨 사용하였다. 아이러니한 것은 무리수의 존재를 숨기려 했던 피타고라스학파가 무리수인 황금비를 그들의 상징으로 썼다는 것이다.

　만물의 근원은 정수라는 피타고라스학파의 주장에서 알 수 있듯이 그들은 '수'를 매우 신성시했다. 그래서 그들은 산술에서도 여러 가지 종류의 수들을 발견하였는데, '친화수', '완전수', '부족수', '과잉수', '형상수' 등이 있다. 이 중에서 먼저 친화수에 대하여 알아보자.

　피타고라스는 어느 날 제자로부터

"친구란 어떤 관계입니까?"

라는 질문을 받았는데, 피타고라스는 이렇게 대답했다.

"친구란 또 다른 나다. 마치 220과 284처럼."

그 이후 피타고라스학파들은 220과 284를 친화수라고 하게 되었다. 피타고라스가 220과 284를 친구라고 했던 까닭은 220의 진약수 1, 2, 4, 5, 10, 11, 20, 22, 44, 55, 110을 모두 더하면 합이 284가 되고, 마찬가지로 284의 진약수 1, 2, 4, 71, 142를 모두 더하면 220이 되기 때문이었다. 이처럼 어떤 두 수가 친화수라는 것은 한 수의 진약수의 합이 다른 수와 같고, 그 반대의 경우도 동시에 성립할 때이다.

고대 그리스인들은 친화수를 찾으려고 많은 노력을 했지만 220과 284 이외의 친화수는 발견하지 못한 것으로 알려져 있다. 그래서 피타고라스학파뿐만 아니라 고대 수학자들은 이 한 쌍의 친화수를 신성하게 여겼고, 종교의식과 점성술 그리고 마법과 부적을 만드는데 이용하기도 했다.

고대 그리스인들은 숫자를 당시 자신들이 사용하던 알파벳을 이용하여 나타냈기 때문에 어떤 사람의 이름이든지 숫자로 바꿀 수 있었다. 따라서 모든 사람들은 자신의 이름에 대응하는 숫자가 있었는데, 만일 결혼을 하기로 한 젊은 남녀가 그들의 이름으로부터 얻은 두 수

가 친화수라면 행복하고 완벽한 결혼이라고 여겼다. 이는 마치 우리나라에서 결혼할 때 궁합이 좋고 나쁜지를 따지는 것과 같았다.

17세기 초반까지는 220과 284 이외의 다른 친화수의 쌍은 발견되지 않았다. 그러다가 드디어 1636년 프랑스의 수학자 페르마(Fermat)가 두 수 17296과 18416이 친화수라는 것을 밝혔다. 그리고 곧이어 1638년 프랑스의 또 다른 뛰어난 수학자인 데카르트(Descartes)가 세 번째 친화수 쌍인 9363584와 9437056을 찾았다. 그 후 1747년에 스위스의 수학자 오일러(Euler)는 30쌍의 친화수를 찾았고, 더 연구한 끝에 모두 60쌍의 친화수를 찾았다. 흥미로운 것은 1866년 16세의 이탈리아 소년 니콜로 파가니니가 그 동안 아무도 발견하지 못했던 작은 친화수의 쌍 1184와 1210을 발견했다는 것이다. 현재까지 알려진 친화수는 약 400쌍 가량 되며 12285와 14595도 그 중 하나다.

수의 신비로운 성질에 관심을 가졌던 피타고라스학파들은 6의 진약수 1, 2, 3으로부터 $1+2+3=6$이라는 성질을 발견했다. 그래서 진약수의 합이 자신과 같아지는 6과 같은 수를 완전수라고 한다. 피타고라스학파를 포함하여 고대 그리스인들은 이미 소개한 친화수와 더불어 완전수를 찾기 위하여 많은 노력을 했다. 그들은 완전수를 찾는 도중에 두 가지 다른 종류의 수도 있음을 알게 되었다. 예를 들어 15의 경우는 진약수가 1, 3, 5이고, 그들의 합은 $1+3+5=9$이다. 15와 같이 자신의 진약수의 합이 자신보다 작은 수를 부족수라고 한다. 또, 12의 진약수는 1, 2, 3, 4, 6이고, 이들의 합은 $1+2+3+4+6=16$이다. 이처럼 진약수의 합이 자신보다 큰 수를 과잉수라고 한다.

최초의 완전수 6 이후에 찾아진 또 다른 완전수는 28인데, 어떤 이들은 두 완전수 6과 28을 최고의 건축가라고 했다. 왜냐하면 세상은

6일 만에 창조되었고, 달은 지구의 둘레를 28일에 1바퀴씩 회전하기 때문이다. 특히 성 아우구스투스는

"신이 세상을 6일 동안 창조하신 이유는 6이 완전수이기 때문이다."

라고 말했다.

완전수를 찾는 것은 대단히 어렵다. 1950년 전까지 12개의 완전수만이 찾아졌다. 1951년과 1952년에 UCLA에서 전자계산기 SWAC을 이용하여 새로운 완전수를 더 찾아서 모두 17개의 완전수가 찾아졌다. 물론 그 다음 완전수는 아주 큰 수인데, 고대 그리스 시대 이래로 완전수는 그 신비로운 성질 때문에 수학자뿐만 아니라 일반인들에게도 관심의 대상이었다. 그러나 2000년이 넘도록 수학자들은 6을 포함하여 단지 11개의 완전수만을 찾을 수 있었다. 그 뒤 1877년 이전에 1개의 완전수가 더 찾아졌고, 20세기 후반에 접어들면서 컴퓨터의 놀라운 발달로 인하여 새로운 완전수가 찾아지기 시작했다. 1952년 캘리포니아 대학의 로빈슨은 컴퓨터 SWAC를 사용하여 75년 만에 새로운 완전수를 발견했고, 그 후 몇 달 동안 네 개의 완전수를 더 발견하여 모두 17개의 완전수를 찾아냈다. 컴퓨터의 성능이 좋아지면서 현재까지 모두 45개의 완전수가 발견되었다.

수학의 역사를 연구하는 사람들 중에는 친화수와 완전수가 피타고라스학파에 의하여 만들어졌다고 주장하는 쪽과 그렇지 않다고 주장하는 쪽이 있다. 하지만 형상수의 경우는 피타고라스학파에 의하여 만들어졌다는데 모두 동의한다.

형상수는 일정한 모양을 유지하는 점들의 개수에 의해 결정되는데, 이

것은 당시 기하학이 산술과 밀접한 관계가 있다는 증거이기도 하다. 다음 그림은 이런 형상수들 중에서 삼각수와 사각수 그리고 오각수들이다.

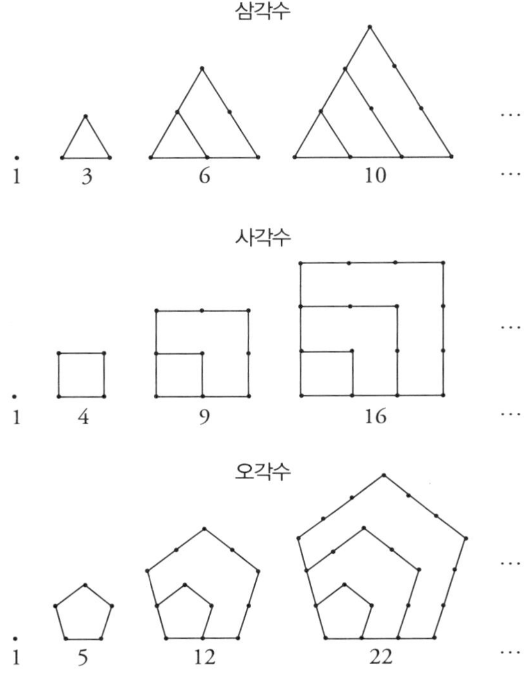

우리는 형상수에 관한 흥미로운 사실들을 그림으로 쉽게 입증할 수 있다. 이를테면 '임의의 사각수는 연속하는 두 삼각수의 합이다'를 입증하기 위해 다음 그림과 같이 사각수를 연속하는 두 삼각수로 나누면 된다.

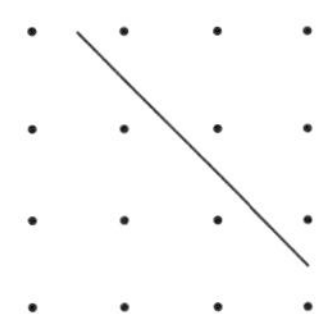

4번째 사각수는 4번째 삼각수와 3번째 삼각수로 나눠진다.

또 다른 예는 'n번째 오각수는 n과 $(n-1)$번째 삼각수의 3배의 합과 같다'인데, 이것에 관한 증명은 다음 그림과 같다.

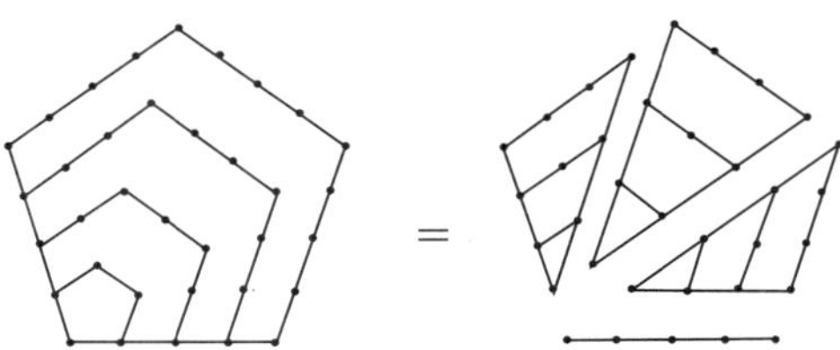

앞서 예를 든 것들은 대수적으로도 증명이 가능하다. n번째 삼각수 T_n은 등차수열의 합에 의하여 다음과 같다.

$$T_n = 1 + 2 + 3 + \cdots + n = \frac{n(n+1)}{2}$$

n번째 사각수 S_n이 n^2이므로 임의의 사각수는 연속하는 두 삼각수의 합임을 다음과 같이 증명할 수 있다.

$$S_n = n^2 = \frac{n(n+1)}{2} + \frac{(n-1)n}{2} = T_n + T_{n-1}$$

또한, n번째 오각수 P_n도 등차수열의 합으로 표현된다. 즉,

$$\begin{aligned} P_n &= 1 + 4 + 7 + \cdots + (3n-2) \\ &= \frac{n(3n+1)}{2} \\ &= n + \frac{3n(n-1)}{2} \\ &= n + 3T_{n-1} \end{aligned}$$

이다.

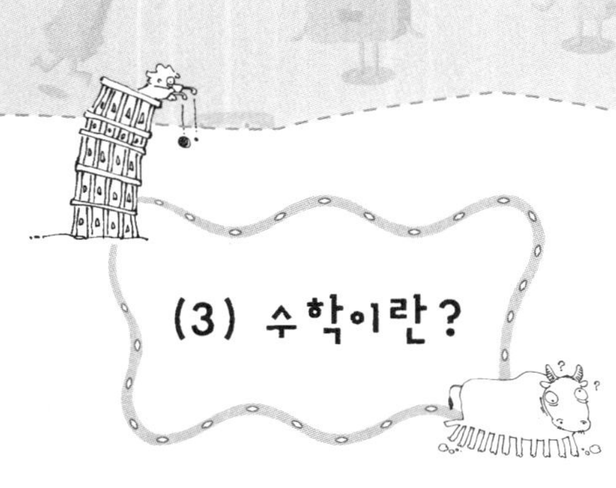

(3) 수학이란?

공학자, 물리학자 그리고 수학자 이렇게 셋이서 여행을 하다가 호텔에 머물게 되었다.

세 사람은 저녁을 먹고 각자 자기 방으로 잠을 자러 들어갔다. 그때 길 건너편 건물에서 불이 났다. 그것을 본 공학자는 즉시 물과 소방호스를 준비하여 불을 끄러 갔다. 물리학자는 불이 난 건물에 가서 불길의 속도와 불의 높이, 진행방향 등 여러 가지를 계산하더니 그 불에 알

맞은 물의 양과 소방 호스의 길이 등을 사람들에게 알려주었다. 수학
자도 또한 불이 난 것을 보게 되었는데 그는 한참을 생각하더니, 사람
들에게 다음과 같이 말하고 자기의 침대로 돌아갔다.

"걱정하지 마십시오. 저 불은 반드시 끌 수 있는 방법이 있습니다."

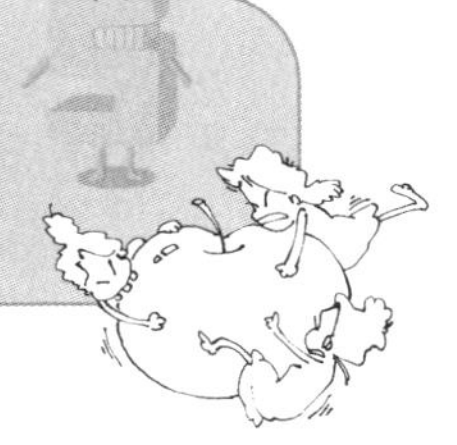

그리스의 신비

그리스인들은 선천적으로 아름다움에 집착하는 민족성을 가지고 있다. 또 철학적 탐구에 대한 지적 경향이 뚜렷했고, 특권계급들은 농작물의 생산이나 전쟁에 노예를 활용했기 때문에 충분한 여가시간을 갖게 되었다. 결국 그들은 여가시간을 이용하여 예술이나 학문에 힘쓰게 되며 연역과 추상화를 점점 선호하게 되었다. 또한, 당시에 철기문화가 시작되었으며 알파벳이 발명되었고 최초의 화폐로 동전이 등장하고, 지리학상의 많은 발견 등으로 경제적, 정치적으로 큰 변화와 안정을 지속하고 있었다. 이런 여러 가지 여건으로 그리스인들은 정치와 학문탐구에 전념하게 되면서 아테네를 그리스의 정치와 문화의 중심지로 번영하게 만들었다. 그리스의 이와 같은 여건을 우리는 '그리스의 신비(Greek mystery)'라고 한다.

그리스인들이 정치와 학문에 전념하게 됨에 따라서 '소피스트(Sophist)'라고 부르는 직업적인 교직자들의 부류가 나타났다. 처음에는 이들을 '현명한 사람들'이라고 부르다가, 차차 변론술을 주로 따지

게 되면서 '궤변가'로 부르게 되었다. 그러나 사실 이들을 궤변가라고 부르기보다는 '변론가'라고 부르는 것이 타당할 것이다.

소피스트들이 가장 열심히 연구한 것은 이른바 '삼대 작도문제'이다. '삼대 작도문제'는 눈금 없는 자와 컴퍼스만을 가지고 임의의 각을 삼등분하는 것, 원과 같은 넓이를 갖는 정사각형을 작도하는 것 그리고 정육면체 부피의 두 배를 갖는 정육면체를 작도하는 것을 말한다. 고대의 연금술사들이 금을 만들기 위하여 여러 가지 실험을 한 결과로 화학이 발전했듯이, 삼대 작도문제의 해결을 위한 노력이 수학을 상당히 발전시키는 계기가 되었다.

어쨌든 삼대 작도문제는 다음에 자세하게 알아보기로 하고 여기서는 소피스트에 얽힌 재미있는 일화를 소개하겠다.

유명한 소피스트인 프로타고라스(Protagoras)는 당시에 뛰어난 변론가였다. 그래서 많은 사람들이 그에게 변론을 배우기 위해 찾아왔다. 어느 날 그에게 한 가난한 젊은이가 찾아와서 변론방법을 배우고 싶다고 했다. 그런데 이 젊은이는 가난했기 때문에 수업료를 낼 수가 없었다. 그래서 그 젊은 제자는 프로타고라스와 다음과 같은 약속을 했다.

"선생님, 저는 지금 수업료를 낼 수 없기 때문에 앞으로 선생님께 변론을 배운 후에 변론으로 내기를 해서 제가 이기면 그때 수업료를 내겠습니다."

그래서 그 젊은 제자는 프로타고라스 밑에서 무료로 변론술을 배우게 되었다. 얼마 후에 변론술을 배운 그 제자는 사회적으로 큰 성공을 하였다. 그러나 그는 한 번도 변론 내기를 한 적이 없었기 때문에 그의 선생님에게 수업료를 내지 않았다. 드디어 기다리다 지친 프로타고라스는 법원에 찾아가 수업료를 받게 해달라고 제자를 상대로 소송을 제기하여, 재판이 열리게 되었다. 많은 방청객이 모인 가운데 먼저 프로타고라스가 재판장에게 다음과 같이 자기를 변론하였다.

"존경하는 재판장님, 저는 이 재판에서 이기든 지든 관계없이 제자에게 수업료를 반드시 받게 됩니다. 왜냐하면, 이 재판에서 내가 이기면 이 재판을 하는 이유가 수업료를 받기 위한 것이므로 당연히 수업료를 받아야 할 것이고, 만약 내가 이 재판에서 지고 제자가 이긴다면 제가

처음에 제자와 한 약속대로 변론술을 잘 가르쳐서 이긴 대가로 나의 수업료를 받아야 되기 때문입니다. 그러니 어떠한 경우에도 수업료를 받게 되므로 제자에게 수업료를 내도록 판결하여 주십시오."

프로타고라스의 변론을 듣고 나서 그의 제자는 다음과 같이 자신을 변론하였다.

"존경하는 재판장님, 저의 선생님의 변론도 옳은 것 같습니다. 그렇지만 저도 이 재판에서 이기든 지든 상관없이 수업료를 드릴 수 없습니다. 왜냐하면, 이 재판의 목적이 수업료를 내느냐 안 내느냐를 판결하는 것이므로 제가 이기면 수업료를 낼 필요가 없고, 제가 진다면 선생님과의 최초의 약속대로 내기에서 졌으므로 수업료를 드릴 필요가 없기 때문입니다. 그러니 이 재판에서 제가 이기든지 지든지에 관계없이 수업료를 낼 수 없습니다. 따라서 수업료를 내지 않아도 된다고 판결하시기 바랍니다."

과연 이 재판의 옳은 판결은 무엇일까? 필자는 여러 가지 문헌을 찾아보았으나 어느 곳에도 재판 결과를 찾을 수가 없었다.

그렇다면 정확한 논리학 또는 논증학과 궤변론의 차이점은 무엇일까?

먼저, 논리학이란 한마디로 '사유(思惟)의 형식과 법칙을 연구하는 과학'이라고 정의할 수 있다. 따라서 논리학을 공부하게 되면 새로운 지식을 탐구하는데 필요한 논리적 도구를 갖추게 되고, 조리 있고 설득력이 강하게 글을 쓰거나 말을 할 수 있는 '논리의 힘'을 얻게 되며 남들의 궤변을 확실하게 논박할 수 있게 된다. 반면에 궤변론은 여러 가지 방법으로 무의식적으로 범하는 논리적 오류가 아닌 고의적으로 범하는 논리적 오류를 이용하여 자신의 잘못된 결론을 주장하는 것이라 할 수 있으며 그 방법으로는 먼저, 주어진 논제를 슬그머니 바꾸어 놓는 방법, 의식적으로 논거(論據)를 날조하는 방법, 순환적 논증 방법 등이 있다. 이중 순환적 논증 방법의 가장 대표적인 예로는 중세의 관념론자들의 '하느님은 존재한다'에 대한 논증이다. 이 주장에 대한 논증 방법의 자세한 내용은 생략한다. 어쨌든 그들은 '하느님은 존재한

다'라는 주장을 논증하기 위하여 '하느님은 아름답다'라고 주장하였고, '하느님은 아름답다'라는 것을 논증하기 위하여 '하느님은 존재한다' 라고 주장했다. 즉, 처음 주장이 옳다는 것을 논증하기 위하여 두 번째 주장이 옳다는 것을 논증하는 것이다. 그러나 이때 사용한 두 번째 주장은 첫 번째 주장이 참인 경우에만 옳은 주장이다. 또 첫 번째 주장도 두 번째 주장이 참일 경우에만 옳은 것이다. 이와 같이 다른 하나가 참일 때 참이 되는 것을 사용하는 것이 바로 순환적 논증방법이다.

우리 일상생활에서도 궤변은 많이 존재한다. 이러한 궤변에 대응하는 가장 좋은 방법은 '실천을 통한 진리의 검증'이다.

아폴로의 계시

고대 그리스인들은 작도문제에 상당한 관심을 가지고 있었다. 지금도 눈금 없는 자와 컴퍼스만으로 어떤 것을 작도하는 문제는 흥미로운 문제이고, 새로운 것을 찾으려는 시도가 계속되고 있다. 앞에서 이미 소개했던 '삼대 작도문제'는 눈금 없는 자와 컴퍼스만으로 도형을 작도하는 것으로 고대부터 지금까지 가장 흥미롭고 재미있는 문제로 알려져 있다. 물론 이 세 가지는 모두 작도 불가능이라는 것이 이미 명확하게 증명되어 있다. 삼대 작도 문제는 다음과 같다.

1. 임의의 각의 삼등분을 작도하라.
2. 주어진 원과 같은 넓이를 갖는 정사각형을 작도하라.
3. 주어진 정육면체의 부피의 두 배가 되는 부피를 갖는 정육면체를 작도하라.

이 중에서 주어진 정육면체의 부피의 두 배가 되는 또 다른 정육면체를 작도하는 문제는 그리스 신화와 깊은 관련이 있다.

한때 고대 그리스 전역에 대단히 무서운 전염병이 퍼졌다. 그 당시에는 의학이 크게 발달하지 못하였기 때문에 사람들은 이것을 신의 재앙이라고 여겼다. 그래서 사람들은 신의 계시를 듣고 그에 따르기로 하였다. 당시 그리스의 여러 신 중에서 의술과 학문 그리고 예언을 담당하고 있던 신은 아폴로(Apollo)였기 때문에 사람들은 아폴로 신전으로 가서 열심히 기도하였다. 아폴로는 그들의 정성에 감복하여 다음과 같이 전염병 해결책을 알려주었다.

"나의 신전 앞에 놓여 있는 정육면체의 제단은 그 모양은 좋으나 크기가 조화롭지 못하다. 따라서 이 제단을 부피가 정확히 두 배인 정육면체로 바꾸어라. 그러면 재앙은 사라지고 영원한 평화가 있으리라."

사람들은 이 계시를 듣고 크게 기뻐하며 제단의 개축에 힘썼다. 그러나 새로운 제단이 완성되었지만 전염병은 전혀 진정되지 않았다. 사람들은 무엇이 잘못되었는지 알기 위하여 저명한 철학자를 찾아가 이유를 물었다. 철학자는 새로 만든 제단을 유심히 살펴보더니 다음과 같이 말했다.

"당신들은 참으로 어리석군요. 각 변의 길이를 두 배로 하면 부피는 8배가 되어 신의 노여움이 증가할 뿐이요."

결국 사람들은 부피를 두 배로 하기 위해 각 변의 길이를 얼마로 하여야 하는지를 몰랐던 것이다.

그러면 부피를 두 배로 하려면 실제로 각 변의 길이를 얼마만큼 늘려야 할까? 바로 이것이 '델피의 문제'라고 불리는 정육면체의 배적에 관한 문제이다. 그리고 이 문제를 고대 그리스인들은 눈금 없는 자와 컴퍼스만을 이용하여 해결하려 하였다.

삼대 작도문제를 알아보기 위하여 먼저

자와 컴퍼스만을 사용하여 작도하라.

라는 의미를 살펴보자. 자와 컴퍼스만으로 작도하여 얻어지는 점의 위치는 원과 원, 원과 직선, 직선과 직선의 교차점밖에는 나타나지 않는다. 또 선분의 길이는 위와 같은 방법으로 얻어지는 점끼리의 최단 거리이다. 따라서 이것을 유리수를 계수로 갖는 방정식으로 바꾸면, 결국 원과 직선을 나타내는 각종 방정식을 연립하여 그 방정식들을 만족하는 점의 위치를 구하는 것이다. 또 이렇게 해서 구해진 점과 점 사이의 거리를 구하는 식을 찾는 문제가 된다.

위와 같은 사실을 대수적으로 표현해보자. 반지름이 r인 원의 방정식은 $x^2 + y^2 = r^2$이고 임의의 직선의 방정식은 $y = ax + b$이므로 이와 같은 방정식을 푼다는 것은 기껏해야 이차방정식을 푸는 것에 지나지 않는다. 즉, $y = ax + b$를 $x^2 + y^2 = r^2$에 대입하면

$$x^2+(ax+b)^2=r^2 \Leftrightarrow x^2+a^2x^2+2abx+b^2=r^2$$

$$\therefore \ (1+a^2)x^2+2abx+b^2-r^2=0$$

와 같이 x에 관한 이차방정식이다. 그리고 이차방정식의 근은 주어진 방정식의 근과 계수의 관계를 이용하면 구할 수 있는데, 결국 이차방정식의 근은 미지수의 계수에 가감승제와 제곱근($\sqrt{\ }$)을 유한 번 사용하여 만들어지는 수이다. 따라서 작도가 가능한 수는 유리수와 제곱근에 가감승제를 유한 번 사용하여 만들 수 있는 수이다.

예를 들면 제곱하여 2가 되는 $\sqrt{2}$는 작도할 수 있어도, 세제곱하여 2가 되는 $\sqrt[3]{2}$은 제곱근을 유한 번 사용하여도 얻을 수 없는 수이므로 작도할 수 없는 수이다. 또한, 원주율 π도 마찬가지 이유로 작도할 수 없다.

이제 눈금 없는 자와 컴퍼스만을 사용하는 삼대 작도문제가 불가능함을 하나씩 자세히 살펴보도록 하자.

1. 임의의 각을 삼등분하라

이 경우는 작도가 되지 않는 예를 보여줌으로써 증명할 수 있다. 여기서는 크기가 60°인 각을 삼등분할 수 없음을 보이자.

다음 그림으로부터 크기가 θ인 각을 작도하는 것은 cosθ를 작도하는 것과 같다.

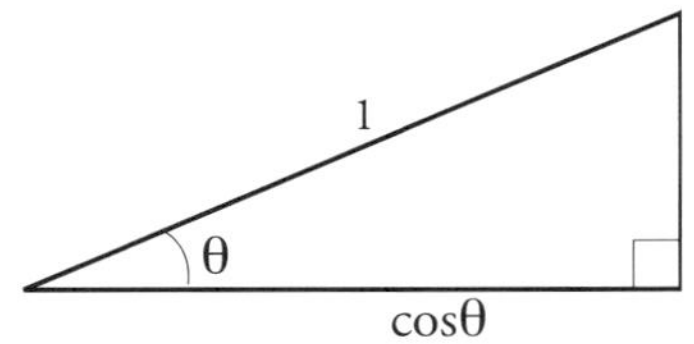

따라서 삼각함수의 두 가지 공식

$$\cos(x+y) = \cos x \cos y - \sin x \sin y$$
$$\sin(x+y) = \sin x \cos y + \cos x \sin y$$

를 이용하면

$$\cos 3\theta = 4\cos^3\theta - 3\cos\theta$$

를 얻는다. θ를 60°의 $\frac{1}{3}$인 20°라 하면 $\cos 3\theta = \cos 60° = \frac{1}{2}$ 이다. $\cos\theta = x$라 하면

$$\cos 3\theta = 4\cos^3\theta - 3\cos\theta = 4x^3 - 3x = \frac{1}{2}$$
$$\therefore \ 4x^3 - 3x - \frac{1}{2} = 0$$

을 얻는다. 따라서 위 삼차방정식의 근을 구하여 그 근이 제곱근에 의하여 얻어지면 작도 가능이고, 그렇지 않으면 불가능이다. 그런데 $A=\sqrt[3]{\dfrac{1+\sqrt{5}}{16}}$, $B=\sqrt[3]{\dfrac{1-\sqrt{5}}{16}}$, $i^2=-1$라 하고 이 삼차방정식의 세 근 x_1, x_2, x_3을 구하면 다음과 같다.

$$x_1 = A+B, \quad x_2, x_3 = -\frac{1}{2}(A+B) \pm \frac{i\sqrt{3}}{2}(A-B)$$

즉, 세 개의 근은 세제곱근이다. 따라서 $\theta=60°$의 삼등분을 작도할 수 없다.

임의의 각을 삼등분하는 작도가 불가능하다고 해서 어떠한 각도 삼등분하는 작도가 불가능한 것은 아니다. 가령, 직각을 눈금 없는 자와 컴퍼스만으로 삼등분하는 것은 아주 간단하다. 즉, 주어진 직각에 대하여 중심을 O로 하여 컴퍼스로 적당한 반지름의 호 $\overset{\frown}{AB}$를 그리고, 그 다음 각각 A, B를 중심으로 하여 같은 크기의 반지름의 호를 그리면, 처음 호 $\overset{\frown}{AB}$와 만나는 점 C, D가 생긴다. 그러면 직각 AOB는 반직선 $\overline{OC}$, $\overline{OD}$에 의하여 삼등분된다.

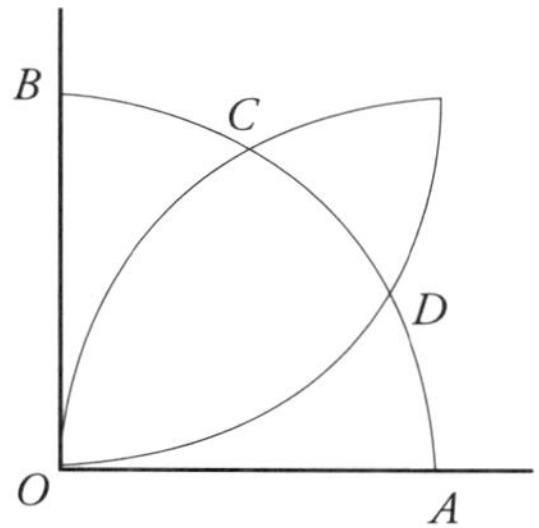
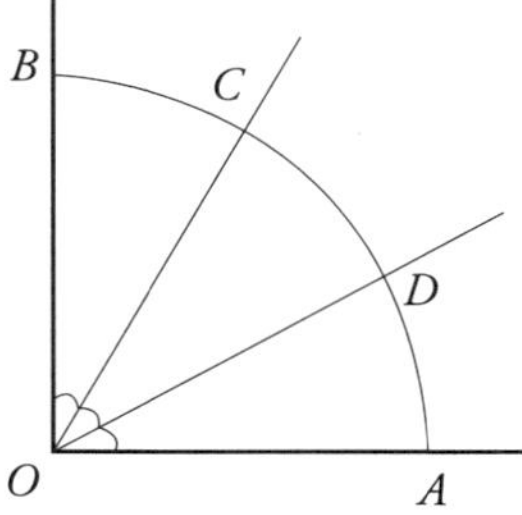

2. 주어진 원과 같은 넓이를 갖는 정사각형을 작도하라

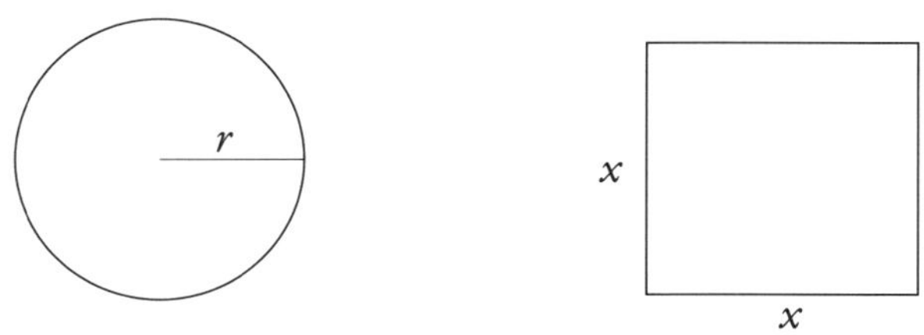

주어진 원의 반지름을 r, 작도하고자 하는 정사각형의 한 변의 길이를 x 라고 하면

$$x^2 = \pi r^2, \ r > 0, \ x > 0$$

이므로

$$x = r\sqrt{\pi}$$

이다. 그런데 π가 작도불가능이므로 $\sqrt{\pi}$도 작도불가능이다. 그러므로 정사각형의 한 변의 길이 x를 작도할 수 없다.

3. 주어진 정육면체의 부피의 두 배가 되는 부피를 갖는 정육면체를 작도하라

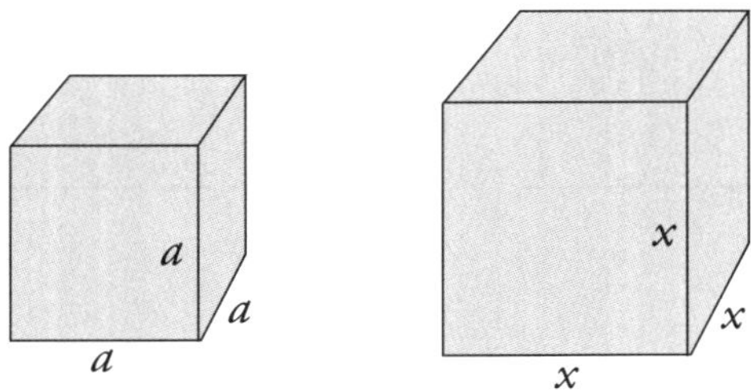

주어진 정육면체의 한 변의 길이를 a, 작도하고자 하는 정육면체의 한 변의 길이를 x라고 하자. 그러면

$$x^3 = 2a^3, \ a > 0, \ x > 0$$
$$\therefore x = \sqrt[3]{2}\,a$$

그런데 $\sqrt[3]{2}$는 작도 불가능이므로 x를 작도할 수 없다.

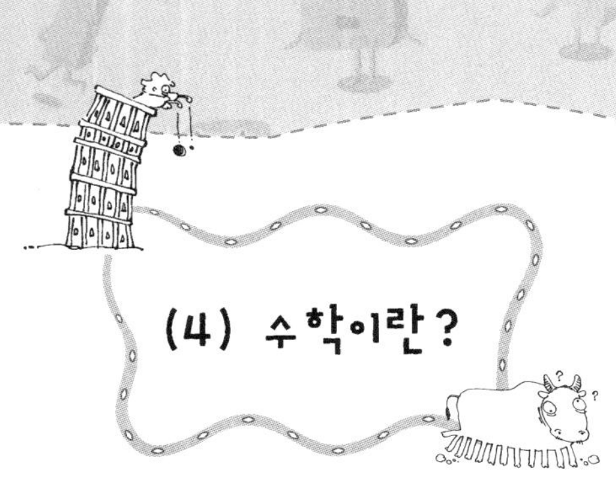

몇 명의 사람들이 깊은 계곡을 여행하고 있었다. 그런데 그들은 계곡의 아름다운 경치에 정신을 빼앗겨 그만 길을 잃고 말았다. 그래서 그들은 어떻게 길을 찾을 것인가를 놓고 의논했다. 그때 일행 중 한 사람이 말했다.

"이곳은 계곡이니까 소리를 지르면 메아리쳐서 멀리까지 들리게 될 것입니다. 그러면 누군가 그 소리를 듣고 우리를 도와 줄 것입니다."

그래서 사람들이 동시에 소리를 지르게 되었다.

"도와주세요. 우리는 길을 잃었습니다."

그리고 약 30분이 지나자 그 사람의 말대로 멀리서 누군가의 목소리가 들려왔다.

"여보세요. 당신들은 길을 잃었습니다."

그러고는 아무런 대답이 없었다. 그러자 길을 잃은 사람 중 한 사람
이 말했다.

"저 사람은 분명히 수학자입니다."

다른 사람들이 어떻게 그가 수학자인지 알 수 있느냐고 묻자, 그는

"그것은 세 가지 이유 때문입니다. 첫째 그는 우리가 질문한 것을 한
참 동안 생각한 후에 대답했습니다. 둘째 그의 대답은 맞습니다. 셋째
그의 대답은 지금 우리에게는 전혀 필요 없는 답입니다."

수학은 정확한 답만을 보여준다

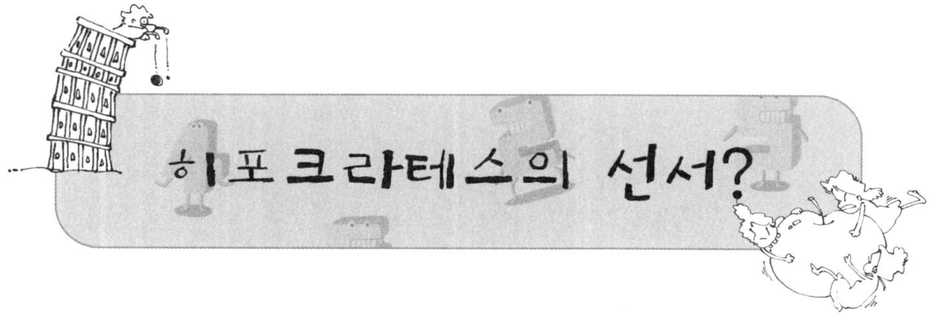

앞에서 이미 이야기했듯이 그리스인들은 선천적으로 아름다움을 좋아했고, 노예들이 그들의 일을 모두 담당했으므로 많은 시간을 가지게 되었고, 그리하여 학문에만 힘을 쓸 수 있었다. 우리는 이것을 '그리스의 신비'라고 했다. 그리스인들이 좋아했던 아름다운 도형 중에 '궁형', '활꼴' 또는 '초승달'이라고 불리는 것이 있는데, 그리스 수학에서 최초로 초승달 구적법을 조사한 사람은 키오스(Chios)의 히포크라테스(Hippocrates)이다.

히포크라테스하면 그리스 의학의 선조로만 알고 있는 사람이 대부분일 것이다. 그러나 의학의 선조 히포크라테스는 수학자 히포크라테스와 동시대의 사람으로 그리스의 코스(Cos) 섬에서 태어났다. 명의(名醫)였던 히포크라테스는 암이라는 무서운 질병을 '게'라는 의미의 그리스어 '카르키노스(carcinoss)'라고 처음 이름 붙이기도 했다. 암을 뜻하는 영어 '캔서(cancer)'의 어원이 바로 카르키노스이다. 후세 사람들은 의학자 히포크라테스가 암을 카르키노스라고 이름 붙인 이유를

암세포가 게의 걸음걸이처럼 옆으로 잘 퍼지고, 암세포의 표면이 게의 껍질처럼 단단해서라고 해석하고 있다.

의학에서 중요한 히포크라테스와 마찬가지로 수학자 히포크라테스도 수학에서 아주 중요한 인물인데, 그것은 두 가지 업적 때문이다.

첫 번째 업적은 처음으로 《기하학의 원론》을 저술한 수학자라는 점이다. 비록 1세기 후에 유클리드의 《원론》에 의하여 빛을 잃기는 했지만 기하학의 공리와 공준을 처음으로 만들고 논리적인 방법으로 정리들을 전개하였다.

두 번째 업적은 앞에서 말한 '초승달 구적법'이다. 이것은 초승달 모양의 도형과 같은 넓이를 갖는 직각이등변삼각형을 눈금 없는 자와 컴퍼스로 작도하는 것인데, 이를 계기로 그리스인들은 원의 구적에도 낙관적인 견해를 보이기 시작했다.

히포크라테스에 관한 정확한 기록은 없지만 대략 기원전 500년경에 태어나 기원전 428년에 죽은 것으로 알려져 있다. 아리스토텔레스는 히포크라테스를 탈레스처럼 명석하지는 못했다고 평가하고 있다. 히포크라테스는 비잔티움에서 사기를 당해 재산을 모두 잃어버렸다고 하는데 다른 기록에 의하면 해적에게 강탈당했다고도 한다. 그는 돈이 궁해지자 아테네를 여행하며 돈을 받고 수학을 가르치기 시작했다. 그래서 그는 기하학을 연구할 필요가 있었고, 결국 앞에서 소개한 것과 같은 훌륭한 업적을 남기게 되었다.

이제 히포크라테스의 구적법에 대하여 알아보자.

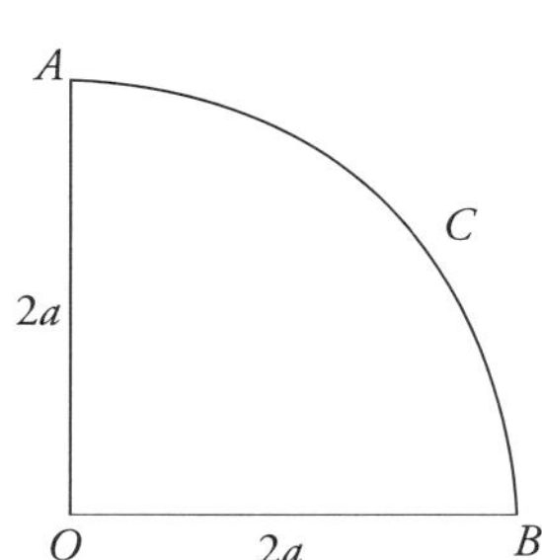

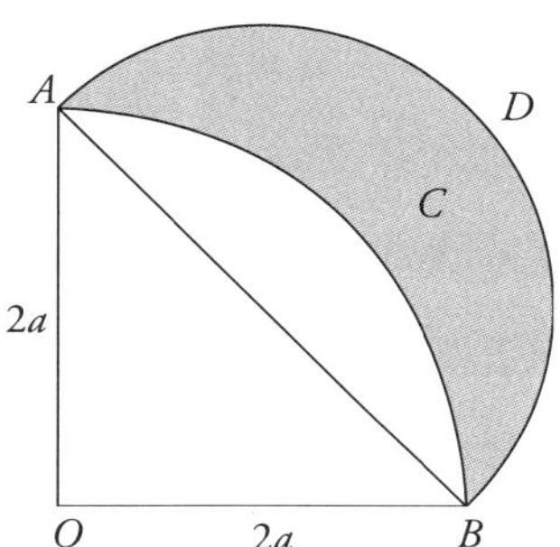

$OACB$가 사분원(四分圓)이고 ADB는 반원이다. 직각이등변삼각형 AOB의 한 변의 길이를 $2a$라 하면 사분원 $OACB$의 넓이는

$$\frac{1}{4}(2a)^2\pi = \pi a^2$$

이다. 그런데 반원 ADB의 반지름은 피타고라스의 정리에 의하여

$$\frac{1}{2}(\overline{AB}) = \frac{1}{2}\sqrt{(2a)^2 + (2a)^2}$$
$$= \sqrt{2}a$$

따라서 반원 ADB의 넓이는

$$\frac{1}{2}(\sqrt{2}a)^2\pi = \pi a^2$$

그러므로 (사분원 $OACB$의 넓이) = (반원 ADB의 넓이)이다. 여기서 공통부분인 활꼴 ACB를 빼면 ($\triangle AOB$의 넓이) = (초승달 $ACBD$의 넓이)가 된다.

사실 어떤 도형의 넓이를 구하는 문제는 그리스인들에게 수학 이상의 것으로 의미가 있었다. 예를 들면, 토지문제에서 실제로 불규칙적인 토지의 경계로 인하여 자기 토지의 정확한 넓이를 구하는 것은 매우 어려운 문제였다. 그러나 넓이를 구할 수 있다면 이 문제를 아주 간단히 해결할 수 있다. 또한, 일반적으로 넓이를 구하는 방법을 알면 비대칭이거나 불완전하게 보이는 것을 대칭 또는 완전하고 아름다운 형태로 바꿀 수 있는 것이다.

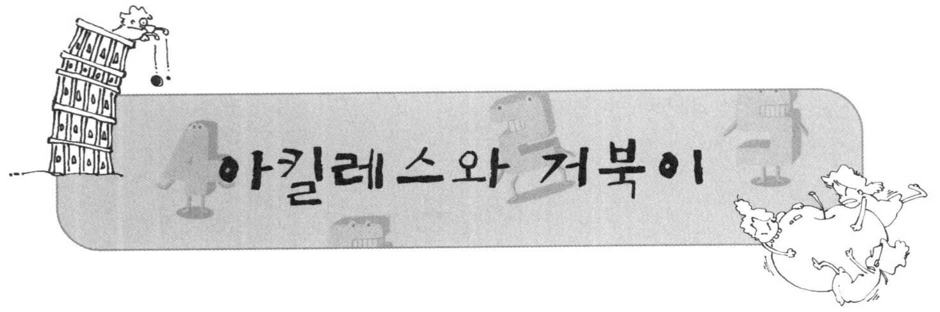

적당한 크기를 무한히 나눌 수 있다고 가정해야 하는가? 또는 적당한 크기는 상당히 많은 더 이상 나눌 수 없는 극소 부분들로 이루어져 있다고 가정해야 하는가? 이 문제에 대한 답으로 이른바 '제논의 역설'이 있다.

엘레아(Elea) 학파의 철학자 제논(Zenon)은 기원전 490년경에 태어나 기원전 약 430년까지 활약한 것으로 추측된다. 그는 그의 철학적 사상을 방어하기 위하여 여러 가지 역설을 전개하였는데 이 역설들은 특히 미적분학의 발달에 대단한 영향을 미쳤다. 그 역설의 주된 내용은 유한인 구간을 무한히 나누는 데서 비롯된다. 몇 가지 예를 들어보자.

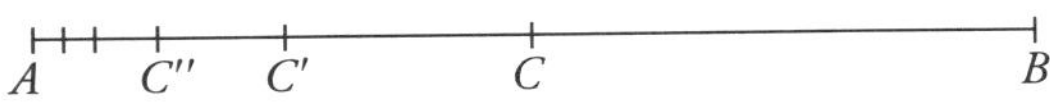

먼저, 그림에서 보듯이 한 점 A에서 다른 한 점 B까지 가려면, A와 B의 중점 C을 반드시 지나야 한다. 또한, A에서 C까지 가려면 A와 C

의 중점 C'를 반드시 지나야 한다. 결국 이런 식으로 무한히 계속해야 하므로, 점 B까지 도달할 수 없다. 결국 운동을 할 수 없다는 결론에 이른다.

제논과는 수학적 관점이 달랐던 피타고라스학파들은 다음과 같이 반박했다.

"점은 위치만 있고 크기는 없다. 또 시간도 크기가 없는 무한의 시각의 모임이다."

그러자 이러한 주장을 반박하기 위하여 제논은 '아킬레스와 거북이의 경주'라는 또 다른 역설을 주장했다.

그리스 시대에 달리기를 가장 잘하는 아킬레스(Achilles)라는 사람이 있었다. 아킬레스와 거북이가 달리기를 하면 어떤 결과가 나올까? 이 경기의 규칙은 거북이가 먼저 출발을 하고 얼마 뒤에 아킬레스가 출발하는 것이다. 그러면 아킬레스는 거북이를 절대로 따라잡을 수 없다는 것이 바로 제논의 또 다른 역설이다. 제논은 아킬레스가 거북이를 이길 수 없다는 주장을 다음과 같이 설명했다.

아킬레스가 거북이의 처음 출발점에 도착했다면 거북이는 그 사이에 느린 속도이지만 앞으로 나아갔으므로 아직도 거북이가 아킬레스보다 앞에 있다. 다시 아킬레스가 거북이가 있는 그 다음 위치까지 갔을 때, 거북이는 계속해서 움직이므로 아킬레스보다 거북이가 앞서 있다. 이런 식으로 계속 진행하면 아무리 발이 빠른 아킬레스라고 해도 절대로 느림보 거북이를 따라 잡을 수 없다.

피타고라스학파의 '시간은 크기가 없는 무한의 시각의 모임'이라는 주장에 대하여 제논은 "날아가는 화살은 날지 않는다."라는 역설로 반박하였다.

활시위를 떠나 공중을 나는 화살을 생각해보자. 이 화살은 나는 시간 내의 각 시각에 각 일정한 위치를 차지하고 있다. 그러므로 각각의 시각마다에서 일정한 위치를 차지하게 되고, 결국 그때마다 정지하고 있어야 한다. 따라서 이러한 정지상태가 무한히 많다 보니 운동은 될 수 없다는 결론에 이른다. 그러므로 시간이 무한히 많은 시각으로 되어 있다는 주장은 잘못이라는 것이다.

제논의 역설 중 또 다른 하나는 "어떤 시간과 그 시간의 반은 같다."라는 것이 있다. 이 역설에 의하면 1시간과 30분은 같다는 뜻이다. 그

러나 그 당시 철학자들은 이 역설에 대하여 이렇다 할 반론을 제기하지 못하였다. 시간에 관한 그의 역설을 살펴보자.

정지 상태에 있는 원소 A, 오른쪽으로 움직이는 원소 B 그리고 왼쪽으로 움직이는 원소 C가 다음 그림과 같이 있다. 여기서 두 원소 B와 C는 같은 속도로 움직이고 있다. 일정한 시간이 지난 후에 A, B, C는 두 번째 그림과 같이 나란히 서게 된다. 이렇게 되려면 B의 원소는 5개의 A의 원소를 스쳐 지나가게 되고, 그와 동시에 C의 원소 10개를 스쳐 지나가게 된다. 스쳐 지나가는 각 시간은 스치는 원소의 개수에 비례하므로 B가 A를 스쳐 지나가는 시간은 B가 C를 스쳐 지나가는 시간의 반이다. 그러나 이 두 가지 일은 동시에 일어나기 때문에 B가 A와 C를 각각 스쳐 지나가는 시간은 같다. 따라서 "어떤 시간은 그 시간의 반과 같다."라는 주장이 성립한다.

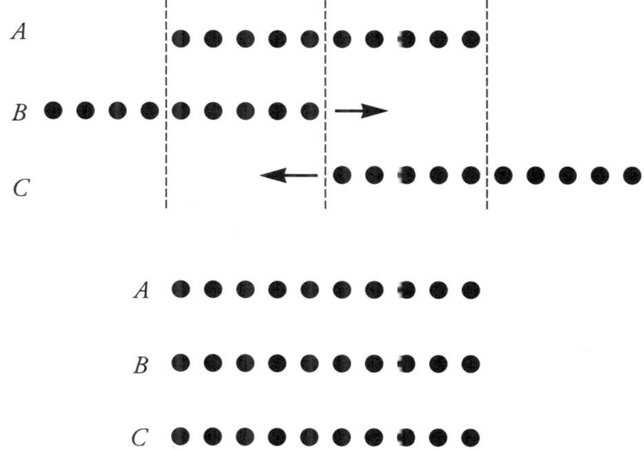

하지만 잘 생각해보면 B나 C가 A를 스쳐지나가는 시간이 1이라면 B와 C가 서로 스쳐지나가는 시간은 그보다 빠른 $\frac{1}{2}$이므로 제논의 주장을 옳지 않다.

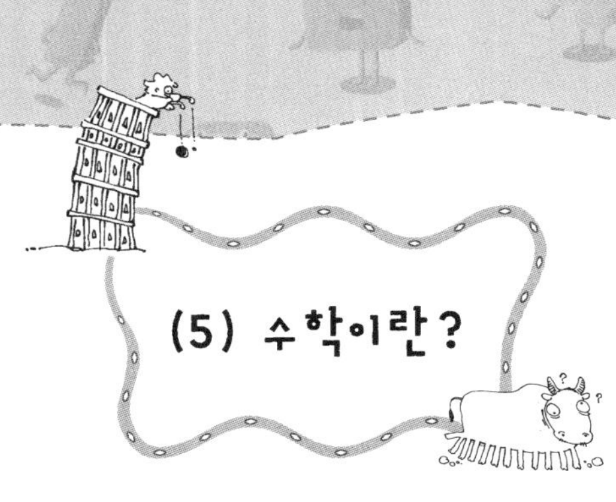

원의 넓이를 구하는 문제와 매우 밀접하게 관련된 문제가 원의 둘레와 지름의 비율인 원주율 π의 계산이다. 원주율의 기원은 역사가 매우 깊다. 고대 이집트인들은 π를 대개 3으로 사용하였다. 아르키메데스(Archimedes)는 최초로 π를 과학적으로 계산했다.

π의 값을 찾기 위한 노력이 많이 있었는데, 1873년 윌리엄 생크스는 15년간의 노력 끝에 소수점 아래 707자리까지 계산했다. 그 후 컴퓨터의 발달로 1967년 프랑스의 기요드와 기샹프는 소수점 아래 500000자리까지 구했고, 1999년 도쿄 대학교의 야수마사 카나다는 소수점 아래 206,158,430,000자리까지 구했고, 2002년에는 소수점 아래 1,241,100,000,000자리까지 구했다고 한다.

π에 대해 재미있는 이야기가 있다.

수학자와 물리학자 그리고 공학자에게 각각 π에 대하여 질문을 하자 이렇게 대답했다.

수학자 :

"π는 원의 둘레와 지름에 대한 일정한 비율입니다."

물리학자 :

"π는 3.1415927이고, 오차는 약 0.000000005입니다."

공학자 :

"약 3입니다."

말이 필요 없는 증명

그리스에서 수학의 출발은 기하학에서부터 시작되었다. 이것은 기하학이 생활과 가장 밀접하기 때문이다. 그래서 그리스인들은 수량도 도형적으로 나타내었다. 실제로 '제곱'을 나타내는 'square'는 정사각형(square)의 넓이를 구하는 데서 나왔고, '세제곱'을 나타내는 'cube'는 정육면체(cube)의 부피를 구하는 데서 나왔다.

이러한 기하학적 사실로부터 우리가 중학교 때 배운 간단한 대수적 사실을 유도해보자.

1. $(a+b)^2 = a^2 + 2ab + b^2$

2. $(a-b)^2 = a^2 - 2ab + b^2,\ a>b$

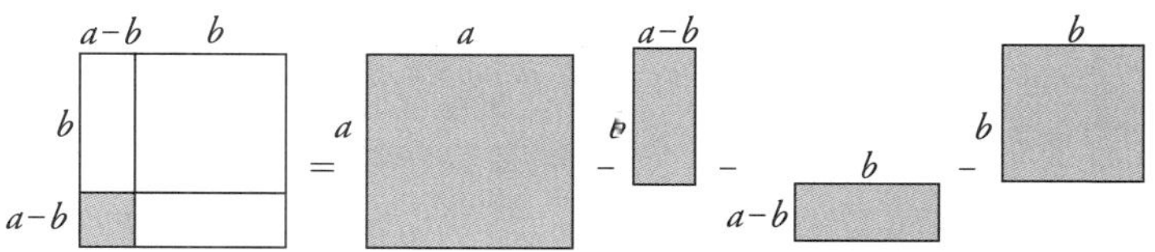

3. $a^2 - b^2 = (a+b)(a-b),\ a>b$

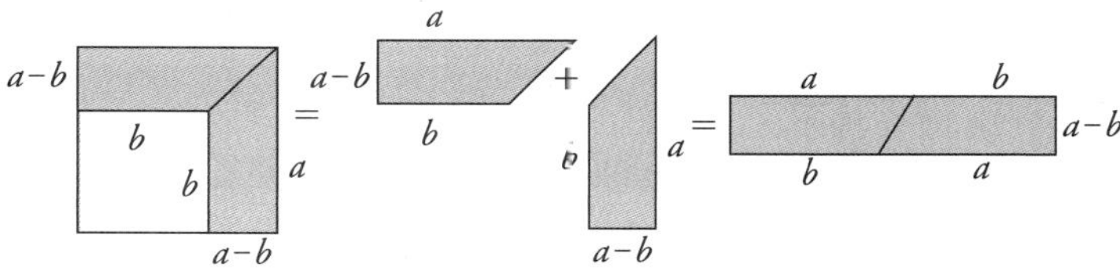

4. $(a+b)^2 = (a-b)^2 + 4ab,\ a>b$

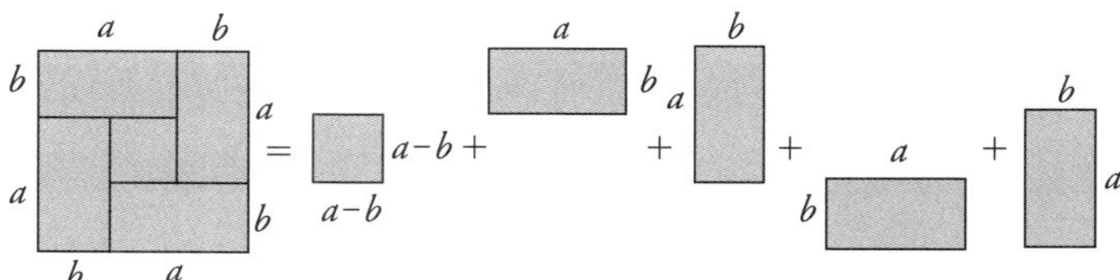

5. $a(b+c) = ab + ac$

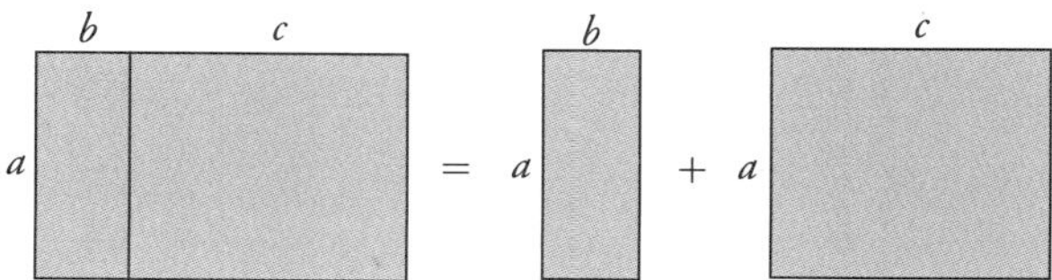

6. $(a+b)(c+d)=ac+bc+ad+bd$

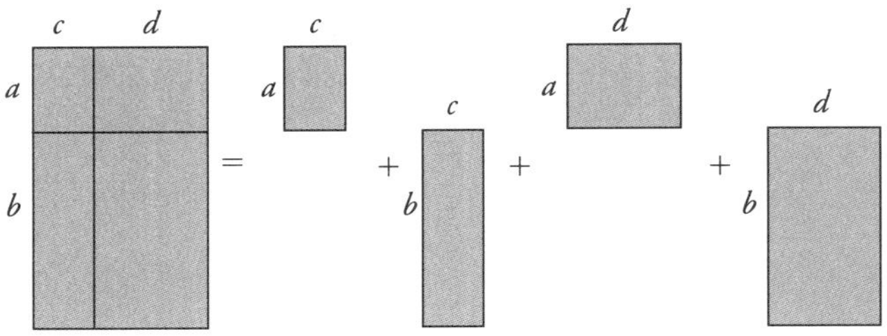

왕도(王道)는 없다

지구상에서 《성경》 다음으로 많은 사람들에게 읽힌 책은 아마도 유클리드(Euclid)의 《원론(Elements)》일 것이다. 어쩌면 《성경》보다도 더 많이 읽혔는지도 모를 일이다. 그런 뜻에서 우리는 유클리드의 《원론》을 일명 '수학의 성서'라고 부른다.

모두 열세 권으로 이루어져 있는《원론》은 1482년에 초판이 인쇄되었고, 그 후 지금까지 1천판이 넘을 정도로 인쇄되었으며 2천년 이상 기하학의 교과서로 군림해왔다. 사실 우리가 중학교, 고등학교에서 배우는 수학 내용은 주로 원론의 1, 3, 4, 6, 11, 12권 가운데에서 발췌한 것이다. 그러니까 비록 《성경》을 읽어보지 못했던 사람이라 할지라도 중학교 이상의 수학교육을 받았다면 이미 유클리드의 《원론》은 비록 부분적이긴 하지만 읽어 본 셈이다.

《원론》에서 '권'이라 함은 단순하게 '일부분'이라는 뜻에 불과하며, 이전의 모든 수학적 이론들을 망라한 책이다. 《원론》은 기원전 300년경에 써졌으나 1500년경에 인쇄술이 보급되기 전까지는 손으로 옮겨

쓴 필사본으로만 전해져 왔다. 《원론》의 대략적인 내용은 다음과 같다.

제1권은 48개의 명제로 되어 있으며 처음 26개의 명제는 주로 삼각형의 성질과 세 개의 합동 정리를 다루고 있다. 또 6개의 명제는 평행에 관한 명제와 삼각형의 내각의 합이 180도라는 것이 증명되어 있으며, 그 이외의 나머지 명제들은 평행사변형, 삼각형, 정사각형 등의 넓이 문제를 다루고 있다. 특히 48개의 명제 중 마지막 두 개는 피타고라스의 정리와 그 역의 증명이며, 제1권의 내용 대부분은 초기 피타고라스학파에 의해 연구된 결과들이다.

제2권은 넓이의 변환과 피타고라스학파의 기하학적 대수를 다루고 있으며, 총 14개의 명제로 되어 있다.

제3권은 39개의 명제로 이루어져 있으며 원, 현, 할선, 접선과 각의 측정에 관한 정리가 수록되어 있다.

제4권은 16개의 명제로 이루어져 있으며 3, 4, 5, 6, 15변을 갖는 정다각형을 주어진 원에 자와 컴퍼스를 가지고 내접 또는 외접시키는 작도문제를 다루고 있다.

제5권은 에우독소스(Eudoxus)의 비율 이론에 관한 것인데, 이 책은 수학적인 문헌 중에서 가장 훌륭한 걸작으로 평가되고 있다.

제6권은 원론 중 부피가 가장 큰 책으로 에우독소스의 비율이론을 닮은 도형의 연구에 응용하고 있다. 여기에는 닮은 삼각형에 관한 기본 정리, 제3 비례항, 제4 비례항, 비례중항의 작도, 이차 방정식의 기하학적 해, 피타고라스 정리의 일반화와 그 이외의 몇 개의 명제들이 실려 있다.

제7권은 정수론 중 두 정수의 최대공약수를 구하는 '호제법(Euclidean algorithm)'을 다루고 있다. 또한 피타고라스학파의 비례에 관한 수치이론의 해설과 수에 대한 기본적인 여러 가지 성질들이 소개되어 있다.

제8권은 연비례와 관련된 등비수열을 다루고 있다. 예를 들면 연비례 $a:b=b:c=c:d$이면 a, b, c, d는 등비수열을 이룬다.

제9권은 '산술의 기본 정리(fundamental theorem of arithmetic)'로 불리는 다음의 명제가 수록되어 있다.

1보다 큰 임의의 정수는 반드시 소수의 곱으로 표현될 수 있으며, 그 방법은 근본적으로 한 가지다.

또한 '소수의 개수는 무한하다'는 사실에 대한 세련된 증명이 있고, 등비수열의 첫 개 항의 합에 대한 공식을 기하학적으로 유도했으며, 짝수인 완전수를 만드는 공식이 증명되어 있다.

제10권은 무리수에 관한 것이다. 제10권은 《원론》 중 가장 읽기 힘든 내용이지만 많은 학자들은 《원론》 가운데에서 가장 경탄스러운 책으로 꼽고 있다. 여기에는 피타고라스보다 천 년 전의 고대 바빌로니아인들이 이미 알고 있었을 것으로 믿어지는 '피타고라스 세 쌍'을 만드는 공식이 있다.

제11권은 공간에서 직선과 평면에 대한 정의와 정리 그리고 평행육면체를 다루고 있다.

제12권은 입체의 부피를 다루고 있고, 제13권은 원론의 마지막 권으로 한 구에 다섯 개의 정다면체를 내접시키는 작도문제를 다루고 있다.

《원론》은 나오자마자 대단한 관심을 불러 일으켰고, 이전의 수학에 관한 책들은 자취를 감추게 되었다. 이로 인하여 유클리드 이전의 수학적 업적이 누구의 것인가를 밝히는 작업은 지금도 계속 되고 있다.

이렇게 훌륭한 저작물을 남긴 유클리드의 개인 신상에 대해서는 알려진 것이 거의 없지만, 기원전 323년에 알렉산더 대왕이 죽고 이집트를 통치하게 된 프톨레마이오스(Ptolemy) 왕 시대에 살았던 것으로 추정되며, 다음과 같은 두 가지 이야기가 전해지고 있다.

프톨레마이오스 왕이 유클리드에게 수학을 배우다가 기하학이 너무 어려워서 한번은 유클리드에게 물었다.

"이것을 배우는데 좀더 쉬운 방법은 없는가?"

그러자 유클리드는

"폐하, 현세에는 두 가지 종류의 길이 있습니다. 그것은 일반 사람들이 다니는 길과 폐하나 전령이 빠르게 다니도록 만들어 둔 왕도가 있

습니다. 그러나 기하학에는 왕도가 없습니다."

라고 말했다.

프톨레마이오스 왕은 왕으로서 구엇이든지 할 수 있었지만 기하학만은 마음대로 할 수 없었다. 이 이야기는 유클리드 이전의 알렉산더(Alexander) 대왕의 개인 교수였던 메나에크무스(Menaechmus)가 알렉산더 대왕에게 했다는 얘기도 있다.

유클리드에 대한 또 다른 일화는 다음과 같다. 유클리드가 학생들에게 기하학을 가르치고 있을 때 한 학생이 질문을 하였다.

"선생님 이런 것을 배워서 무엇을 얻을 수 있습니까?"

그러자 유클리드는 하인을 불러서 다음과 같이 말했다.

"저 학생에게 동전 한 닢을 주어라. 그는 자기가 배운 것으로부터 무엇을 얻어야 하니까."

이런 일화로 추측하건대, 유클리드는 수학의 실용적인 면에는 관심이 없었던 것 같다.

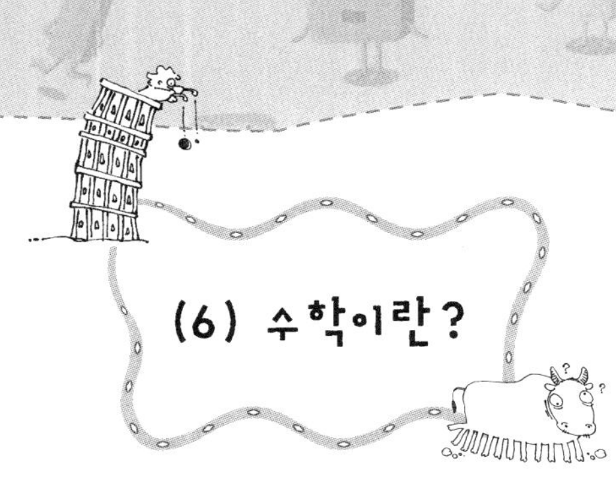

[문제] 2×2는 무엇인가?

공학자 :

수학의 여러 가지 이론에 의하면 약 3.99이다.

물리학자 :

그 값은 3.98과 4.02 사이에서 구할 수 있다.

수학자 :

정확한 답은 모르지만 어쨌든 위 문제의 답은 존재한다.

철학자 :

2×2가 무엇을 의미하는가를 먼저 알아야 한다.

논리학자 :

2×2가 무엇인지를 알기 위해서는 2×2에 대한 엄밀한 정의가 필요
하다.

회계사는 건물의 모든 문과 창문을 닫고 주위를 유심히 살펴본 후에
조심스럽고 조용하게 귀엣말로 다음과 같이 답한다.

"당신이 원하는 답이 얼마입니까? 거기에 맞추어 드리겠습니다."

수학은 거짓말하지 않는다

수학에 관하여 이야기하면서 아르키메데스(Archimedes)를 빼놓을 수는 없을 것이다.

아르키메데스는 수학의 모든 시대를 통틀어 가장 위대한 수학자 중 한 사람이며 동시에 가장 위대한 고대인 중의 한 사람이다. 그는 기원전 287년경 오늘날 이탈리아 남부 시칠리아 섬에 있는 옛 도시국가 시러큐스(Syracuse)에서 천문학자의 아들로 태어났다. 아르키메데스는 시러큐스의 왕 히에론(Hieron)의 총애를 받았고 몇 년 동안 알렉산드리아 대학교에서 수학한 것으로 추측되고 있다. 그 이유는 그가 친구들로 꼽았던 코논(Conon), 도시테우스(Dositheous), 에라토스테네스(Eratosthenes) 등이 모두 그 유명한 기관의 구성원들이었기 때문이다.

로마가 시러큐스를 점령하기 위하여 이 도시 국가를 거의 3년 동안 포위하고 있었는데, 아르키메데스는 기원전 212년 시러큐스가 점령되던 날 죽었다. 사실 그의 대단히 유용한 발명품들이 로마장군 마르켈루스(Marcellus)의 공격으로부터 거의 3년 동안이나 시러큐스를 지켰다.

그의 발명품 중에는 사정거리를 조정할 수 있는 노포, 도시 성벽의 어느 곳이라도 신속하게 이동하여 가까이 접근한 적의 배에 무거운 물체를 떨어뜨릴 수 있는 발사 장대, 적의 배를 들어 올려서 심하게 흔들어 부서뜨리는 이동식 거대한 기중기 등이 있다. 거대한 유리거울을 사용하여 밖에 있는 적의 배에 불을 질렀다는 이야기도 있는데, 이것은 로마와 시러큐스의 전쟁 후에 퍼진 소문이었지만 사실일 가능성도 있다.

심지어 로마 병사들은 성벽에 붙은 나뭇잎을 보고도 무슨 장치가 아닌가 하고 접근을 못했다고 한다. 그러나 달의 여신인 아르테미스를 찬양하는 축제 기간에 모든 시민들이 술과 운동에 정신이 빠져 성문의 경계를 소홀히 하게 되었고, 기회를 얻은 로마군인들은 쉽게 경비망을 뚫고 성으로 침입했다. 마르켈루스는 도성 안의 아름다운 모습을 보고 그의 군인들이 약탈하고 파괴해버릴 것을 생각하며 울었다고 한다.

그 이외에 아르키메데스가 만든 기구로는 들에 물을 대거나 늪지의 물을 빼내거나 배에 찬 물을 빼내기 위한 '아르키메데스의 스크류', 무거운 물건을 쉽게 들어 올릴 수 있는 '지렛대', '도르래'와 '투석기' 등 여러 가지가 있다.

　　상당한 집중력의 소유자이기도 했던 아르키메데스는 기하학을 연구할 때 대부분의 그림을 난로의 재나 모래쟁반 위에 그렸다고 전해진다. 그의 최후는 로마 장군 마르켈루스가 이끄는 로마의 군대가 시러큐스를 점령할 때였다.

　　그날도 아르키메데스는 열심히 무엇인가를 연구하고 있었고 그것들을 모래쟁반에 그리고 있었는데, 로마병사가 그의 앞으로 다가왔다. 그러자 아르키메데스는

　　"내 그림을 밟지 마시오."

라고 했고, 이에 격분한 로마 병사는 인류의 역사상 가장 훌륭한 사람을 죽이고 말았다.

　　로마 장군 마르켈루스는 시러큐스를 점령하면서 모든 병사에게 뛰어난 학자인 아르키메데스를 해쳐서는 안 된다고 했지만 결국 로마 병사에게 죽임을 당하고 말았다.

　　아르키메데스를 진심으로 존경하고 있었던 마르켈루스는 아르키메

데스를 추모하기 위하여 생전에 아르키메데스의 유언대로 그의 업적 중 가장 마음에 들어 했던 직원기둥에 내접하는 구와 원뿔의 그림을 묘비에 새겨 주었다. 아르키메데스는 이 기하학적 그림에 내포되어 있는 아름다운 수학적 조화를 발견하고 늘 자신이 죽으면 이 그림을 자신의 묘비에 새겨줄 것을 가족들에게 부탁하였다. 그의 묘비에 새겨진 그림의 수학적 조화는 다음과 같다.

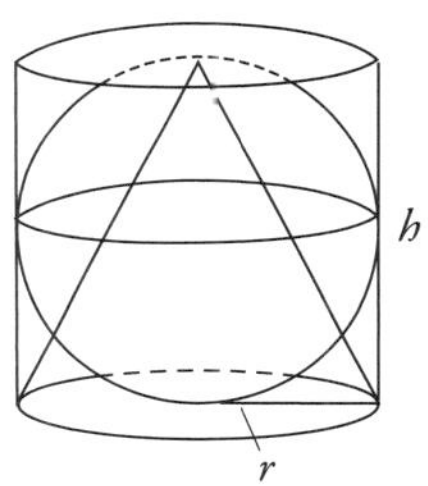

원기둥의 밑변의 반지름을 r, 높이를 h라면 이 원기둥의 부피는 $\pi r^2 h$이고 원뿔의 부피는 $\frac{1}{3}\pi r^2 h$이다. 또 내접하는 구의 부피는 $\frac{4}{3}\pi r^3$이다. 그런데 구가 원기둥에 내접하므로 원기둥의 높이는 $h=2r$이다. 그러므로 세 입체의 부피의 비는 다음과 같다.

$$\text{원뿔} : \text{구} : \text{원기둥} = \frac{2}{3}\pi r^3 : \frac{4}{3}\pi r^3 : 2\pi r^3 = 1 : 2 : 3$$

아르키메데스는 1, 2, 3으로 된 비를 발견하고 이처럼 아름다운 것은 없다고 하였다. 왜냐하면 그도 우주는 수학적으로 조화롭게 짜여져 있으며, 그 중에서도 1, 2, 3, …의 정수는 가장 중요한 구실을 한다고 믿었던 그리스의 '철학자' 중 한 사람이었기 때문이다.

그가 죽은 후, 이천 년이 훨씬 지난 1965년에 시러큐스에서 한 호텔

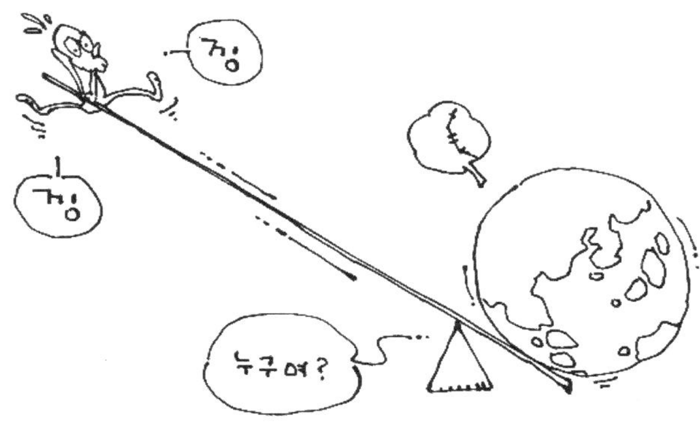

의 기초공사를 위해 땅을 파다가 그의 묘비를 발견했다. 정복자는 죽었어도 아르키메데스의 존재는

"나에게 지지할 장소만 달라. 그러면 나는 지구도 움직일 수 있다."

라는 유명한 말과 함께 영원하다.

아르키메데스에 대해 가장 잘 알려진 이야기 중 하나를 소개한다.

아르키메데스는 당시 이 나라의 왕이었던 히에론으로부터 대단한 총애를 받고 있었다. 왕이 금 세공인에게 명령하여 순금으로 왕관을 만들게 하였다. 이윽고 금 세공인이 왕관을 가져왔는데 왕은 그 속에 은이 많이 섞여 있다는 소문을 듣게 되었다. 그래서 왕은 아르키메데스를 불러 말했다.

"소문에 의하면 금으로 이 왕관을 만들 때 은을 섞었다고 합니다. 이 왕관의 모양은 매우 아름다우므로 왕관의 모양은 그대로 둔 채 은이 들어 있는지 알 수 있는 방법이 있겠습니까?"

아르키메데스는 이 문제를 골똘히 생각하며 실험실에서 여러 가지 실험을 하며 지내다가 어느 날, 목욕을 하기 위하여 욕조에 들어간 아르키메데스는 자신의 몸의 부피만큼 물이 넘쳤다는 것을 새삼 깨달았다. 밀도와 무게가 같은 두 물체는 모양에 관계없이 같은 부피를 갖는다는 사실을 알아내고 너무나도 기뻐서 자신이 발가벗었다는 것도 잊은 채

"Eureka, Eureka(알아냈다, 알아냈다)"

라고 외치며 거리를 달렸다.

그리하여 아르키메데스는 역사에 기록된 최초의 스트리커(streaker, 벌거벗고 달리는 사람)가 되었다. 여기에서 바로 아르키메데스의 '부력에 관한 법칙'이 탄생하였고, 아르키메데스는 이 부력의 법칙을 이용하여 왕관에 금 이외의 불순물이 있음을 밝혔다.

아르키메데스에 대한 마지막 이야기로 '모래 계산'에 대한 놀라운 방법을 소개한다.

아르키메데스 이전까지 그리스어로 나타낼 수 있는 최대의 수 단위는 기껏해야 10000이었다. 그리스인들은 10000을 M으로 표시하였다. 아르키메데스는 10000의 10000배, 즉 $10000 \times 10000 = 10^8$을 만들고 1부터 1억 미만의 수를 '최초의 옥타드(Octad) 수'라 하였다. 그러면 '제2의 옥타드 수'는 1억부터 $10^8 \times 10^8 = 10^{16}$ 미만까지의 수가 된다. 그는 이와 같은 방법으로 1부터 $10^{800000000}$까지의 수를 '최초의 피리어드(Period) 수'라고 불렀다. 또 '제2의 피리어드 수'는 $(10^{800000000})^8 = 10^{6400000000}$이고 '제3의 피리어드 수'는 $(10^{800000000})^{16} = 10^{12800000000}$이다. 이와 같은 방법으로 그는 수의 크기를 차례로 나타냄으로써 세상에 흩어져 있는 모래알의 개수는 최초의 피리어드 중의 '제7의 옥타드 천단위, 즉

$$10^{51} = 1000000000000000000000000000000000000000000000000000$$

보다 적음을 밝혀냈다. 일정한 부피의 입방체 안에 들어 있는 모래알의 개수를 알면, 지구의 크기를 알고 있으므로 세상에 흩어져 있는 모래알의 개수도 알 수 있다. 앞에서 말한 바 있는 수의 단위 중 10^{48}이

'극(極)'이었으므로 10^{51}은 '일천극'이다. 그는 또한 당시의 우주를 모래알로 모두 채우려면 모래알이 10^{53}개 있어야 한다고 계산했다. 그 당시 사람들이 알고 있던 우주는 지구 태양, 달, 금성, 수성, 화성, 목성 그리고 토성이 전부였다. 따라서 태양과 일곱 개의 행성의 크기를 합한 것이 지구 크기의 10000배보다 작을 것이다. 즉 태양과 일곱 개의 행성을 모두 채우는 모래알의 수는 $10000 \times 10^{51} = 10^{55}$개이고 $10^{63} - 10^{55}$개가 우주의 빈 공간을 채우는 모래알의 수이다. 그런데 $10^{63} - 10^{55}$을 실제로 계산을 해보면 1억 원에서 1원을 빼는 것과 같다. 따라서 당시에도 우주의 빈 공간을 얼마나 크게 생각했는지 짐작할 수 있다.

어느 정도 황당하기까지 한 그의 이런 생각에는 수의 범위를 엄청난 크기로 확장했다는 점과 수는 무한하다는 사상이 있었음을 알 수 있다.

디오판토스의 나이

고대 그리스의 대수 문제에 관하여 가장 훌륭한 정보를 제공하는 것은 《팔라틴 선집(Palatine Anthology)》 또는 《그리스 선집(Greek Anthology)》으로 불리는 책이다. 이 책에는 46개의 문제가 수사적으로 서술되어 있다.

이 책은 기원 후 500년경에 문법학자인 메트로도로스(Metrodorus)에 의하여 편집되었는데, 이 책에 수록되어 있는 대부분의 문제는 훨씬 오래 전부터 있었던 것으로 알려져 있다. 그 이유는 이 문제들이 플라톤(Platon)이 기분 전환을 위하여 생각했던 문제들이고, 린드 파피루스(Rhind Papyrus)에 나타나 있는 문제와 매우 유사한 것들이 있기 때문이다.

이 책에 있는 문제 가운데 재미있는 몇 가지를 보자.

첫 번째 문제는 디오판토스(Diophantus)의 일생을 요약하려는 목적이 있었던 것으로 그의 나이를 묻고 있는데, 이는 디오판토스의 묘비에도 새겨져 있었다고 한다.

디오판토스는 그의 삶의 $\frac{1}{6}$을 어린이로 지냈고, $\frac{1}{12}$은 젊은이로 살았으며, 그 뒤 $\frac{1}{7}$이 지나서 결혼했다. 결혼한 지 5년 뒤에 아들을 낳았는데, 그 아들은 그의 아버지 나이의 절반을 살다 죽었다. 그리고 아들이 죽은 지 4년이 지나 세상을 떠났다.

그렇다면 디오판토스는 몇 살까지 살았을까?

디오판토스의 나이를 x라고 하자. 따라서

$$\frac{1}{6}x + \frac{1}{12}x + \frac{1}{7}x + 5 + \frac{1}{2}x + 4 = x$$

이다. 그러므로 $x = 84$이다.

다음은 데모카레스(Demochares)의 나이를 묻는 문제이다.

데모카레스는 일생의 $\frac{1}{4}$을 어린이로, $\frac{1}{5}$을 젊은이로 살았고, $\frac{1}{3}$을 어른으로 살았으며, 13년을 늙은이로 살았다.

그럼, 데모카레스는 몇 년을 살았을까?

데모카레스의 나이를 x라 하면

$$\frac{1}{4}x + \frac{1}{5}x + \frac{1}{3}x + 13 = x$$

이므로 $x = 60$이다.

한 가지 더, 사과의 개수를 묻는 문제가 있다.

여섯 사람 중 네 사람에게는 각각 전체 사과의 $\frac{1}{3}$, $\frac{1}{8}$, $\frac{1}{4}$, $\frac{1}{5}$ 을 주고 다섯 번째 사람에게는 10개, 여섯 번째 사람에게는 1개의 사과를 주었다.

사과는 모두 몇 개일까?

여기서도 사과의 개수를 x라 하면

$$\frac{1}{3}x + \frac{1}{8}x + \frac{1}{4}x + \frac{1}{5}x + 11 = x$$

이므로 $x = 120$이다.

《팔라틴 선집》에 등장하는 수학자 디오판토스는 《산학(Arithmetica)》 이라는 책을 쓴 사람으로 출생 시기와 장소는 분명치 않지만, 기원전 250년경부터 기원전 150년경에 살았던 것으로 추측되고 있다. 《산학》 은 전체 13권으로 되어 있으나 현재 여섯 권만이 전해 내려온다. 대수 적 수론을 해석적 논법으로 쓴 이 책은 디오판토스를 이 분야의 천재 로 우뚝 서게 해주었다.

《산학》의 현존하는 부분의 내용은 대체로 일차방정식과 이차방정식의 해를 구하는 130여 개의 다양한 문제들을 다루고 있고, 매우 특별한 삼차방정식의 풀이도 실려 있다. 또한 《산학》에는 수에 대한 몇 가지 심오한 정리가 있다. 예를 들면, 증명 없이 두 유리수의 세제곱의 수의 차는 다른 두 유리수의 세제곱의 합이 된다는 정리를 발견할 수 있다. 이 내용은 후에 비에트, 바셰, 페르마 등이 연구하기도 하였다. 또, 수를 두 개, 세 개 또는 네 개의 제곱수로 표현하는 것을 고려한 정리들이 많이 있는데, 이 분야는 뒤에 페르마, 오일러, 라그랑주에 의하여 완성되었으며 유명한 '페르마의 마지막 정리'가 나타나는 계기가 되었다.

《산학》에 나와 있는 재미있는 문제 몇 가지를 보자.

제2권의 문제 28 : 두 개의 제곱수로 그것들의 곱을 각각에 더하면 다시 제곱수가 되는 두 개의 제곱수를 찾아라.

디오판토스의 답 : $\left(\frac{3}{4}\right)^2$, $\left(\frac{7}{24}\right)^2$

제3권의 문제 6 : 세 수의 합이 제곱수이고, 임의의 두 수의 합도 제곱수가 되는 세 수를 찾아라.

디오판토스의 답 : 80, 320, 41

제3권의 문제 13 : 세 수에 대하여, 임의의 두 수의 곱을 나머지 수에 더했을 때 제곱수가 되는 세 수를 찾아라.

현재 이 문제에 대한 디오판토스의 답을 찾을 수 없다.

제4권의 문제 10 : 두 수의 합이 그 두 수의 세제곱의 합과 같은 두 수를 찾아라.

디오판토스의 답 : $\dfrac{5}{7}$, $\dfrac{8}{7}$

제6권 문제 1 : 빗변에서 다른 한 변을 뺀 값이 각각 세제곱인 피타고라스 삼각형을 찾아라.

디오판토스의 답 : 40, 96, 104

디오판토스는 대수의 발전에 상당히 중요한 역할을 했다. 그것은 대수에서 생략속기법을 최초로 이용한 사람이라는 것이다. 주어진 대수 문제에서 단지 유리수 해만을 구하는 부정 대수 문제를 우리는 오늘날 '디오판토스 문제'라고 한다.

《산학》에 나타나 있는 대수적 축약의 몇 가지 예를 보면 '미지수의 제곱'은 Δ^T로 표기되었는데 이것은 '제곱'을 뜻하는 그리스어 'dunamis (ΔTNAMIΣ)'의 처음 두 글자이다. 또, '미지수의 세제곱'은 K^T로 표기되었는데 이것은 '세제곱'을 뜻하는 단어 'Kubos (KTBOΣ)'의 처음 두 글자이다. 또한 '뺄셈'에 대한 디오판토스의 기호는 $\pitchfork$인데 이것은 '부족'을 뜻하는 그리스 단어 'leipis($\Lambda EI\Psi I\Sigma$)'에서 따온 표기로 Λ과 I를 합성한 것이다. 또한, 방정식 중에서 상수항이 있으면 '단위원'을 뜻하는 그리스 단어 'monades($MONA\Delta E\Sigma$)'를 축약하여 M^o와 같은 기호를 사용하였다. '미지수'는 시그마(sigma)와 비슷한 ς를 사용한 것으로 추측된다. 또한, 그리스의 알파벳에 의한 수 표현은 다음과 같다.

1	α 알파(alpha)	60	ξ 크사이(xi)
2	β 베타(beta)	70	o 오미크론(omicron)
3	γ 감마(gamma)	80	π 파이(pi)
4	δ 델타(delta)	90	코파(고어)
5	ε 엡실론(epsilon)	100	ρ 로(rho)
6	디감마(고어)	200	σ 시그마(sigma)
7	ζ 제타(zeta)	300	τ 타우(tau)
8	η 에타(eta)	400	υ 입실론(upsilon)
9	θ 세타(theta)	500	ϕ 피(phi)
10	ι 요타(iota)	600	χ 카이(chi)
20	$\varkappa$ 카파(kappa)	700	ψ 프시(psi)
30	λ 람다(lambda)	800	ω 오메가(omega)
40	μ 뮤(mu)	900	삼피(고어)
50	ν 뉴(nu)		

이 중에 디감마, 코파, 삼피는 각각 다음과 같다.

이것을 이용하여 수를 표현하면

$$31 = \lambda\alpha,\ 524 = \phi\kappa\delta$$

이고, 방정식 $2x^3 + 3x^2 - 7x + 4$는

$$K^T\beta\Delta^T\gamma M^\circ\delta \wedge \varsigma\xi$$

가 된다. 이것은 글자 그대로 (미지수의 세제곱 2, 미지수의 제곱 3, 단위원 4) 빼기 (미지수 7)로 읽을 수 있다.

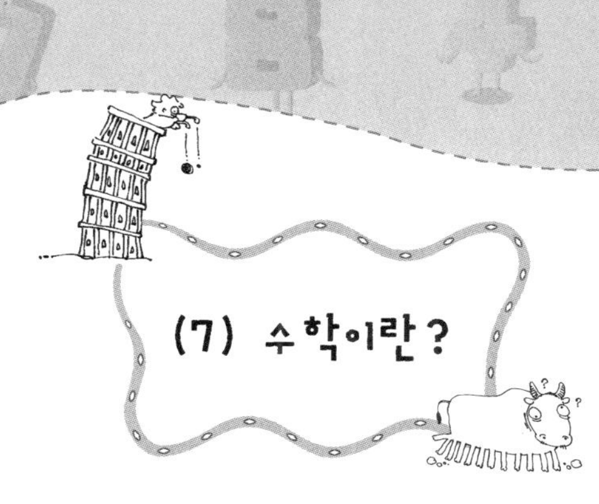

수학에서 너무 당연하다는 직관이 때로는 엄청난 실수를 가져오는 수가 있다. 이런 경우는 주어진 이론을 아무 생각 없이 따라 갈 때도 생긴다. 다음에 주어진 식에서 오류를 발견해보자.

a를 영이 아닌 임의의 실수라 하고 b를 a와 같은 실수라 하면 다음을 보일 수 있다.

$$b = a$$
$$ab = a^2$$
$$ab - b^2 = a^2 - b^2$$
$$(a-b)b = (a+b)(a-b)$$
$$b = a + b$$
$$a = 2a$$

즉 $1 = 2$이다. 그러므로 모든 실수는 같다. 과연 어디가 잘못된 것일까?

그 답은 여러분도 잘 알고 있듯이 양변을 0으로 나누면 안 되는 것이다.

이것과 같은 문제로, a와 b를 영이 아닌 임의의 실수라 하고 $a+b=2c$라 하면

$$a+b=2c$$
$$(a-b)(a+b)=2c(a-b) \qquad \cdots(*)$$
$$a^2-b^2=2ca-2cb$$

이 식을 다시 쓰면

$$a^2-2ca=b^2-2bc$$

이므로 양변에 같은 수 c^2을 더하면

$$a^2 - 2ac + c^2 = b^2 - 2bc + c^2$$

이므로

$$(a-c)^2 = (b-c)^2$$

이고, 따라서

$$a-c = b-c, \quad a = b$$

이다. 그러므로 두 실수는 같다.

　이 식은 어디가 틀렸을까? 이 식에서 주어진 두 실수가 같다면 $a-b=0$ 이므로 식 (*)의 양변에 0을 곱했기 때문에 오류가 발생한 것이다.

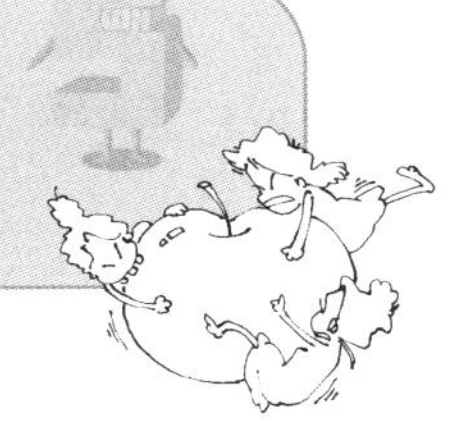

플라톤의 도형

고대 그리스 시대부터 정다각형과 정다면체를 작도하는 것은 흥미로운 문제였다. 그 당시는 정다각형과 정다면체를 눈금 없는 자와 컴퍼스만으로 작도할 수 있겠는가에 관심이 있었지만 현재는 컴퓨터를 이용하며 아주 쉽게 작도할 수 있다.

그럼 우리가 알고 있는 모든 방법을 동원하여 그릴 수 있는 정다면체에는 어떤 것들이 있을까?

결론적으로 말하면 정사면체, 정육면체, 정팔면체, 정십이면체, 정이십면체 다섯 종류밖에 없다. 이 가운데 정사면체, 정육면체, 정팔면체는 이미 이집트인들도 알고 있었다지만, 수학적으로 이것을 연구하기 시작한 것은 그리스인들이었다. 정사면체, 정육면체, 정팔면체는 피타고라스와 그의 제자들에 의하여, 그리고 정십이면체와 정이십면체는 테아이테토스(Theaetetus)에 의하여 이론적으로 밝혀졌다. 그러나 일반적으로 이 다섯개의 정다면체는 보통 '플라톤의 도형'이란 이름으로 알려져 있다.

플라톤은 정사면체를 불, 정육면체를 흙, 정팔면체를 공기, 정이십 면체를 물 그리고 이 4원소 모두를 그 속에 간직하고 있는 정십이면체를 대우주의 상징으로 생각하였다. 그는 정십이면체에 대하여 우주를 표현한다는 특별한 역할을 부여하면서 이런 말을 남겼다.

"신은 이것을 전 우주를 위하여 쓰셨다."

이것은 정다면체의 연구가 순전히 수학적인 관심에서 출발한 것이 아님을 짐작하게 해준다. 이제 정다면체가 다섯 개밖에는 없다는 것에 대해 알아보자.

정다면체라고 하면 각 면이 모두 합동인 정다각형이고, 각 정점에서 정다각면도 모두 합동인 다면체라는 것을 알고 있다. 또한, 정다면체는 모든 정점에 같은 개수의 정다각형을 갖고 있음도 알고 있다. 그리고 한 정점에서의 각의 크기가 $360°$보다는 작아야 다면체를 형성할 수 있다.

먼저, 정삼각형을 이용하여 만들 수 있는 정다면체를 알아보자. 정삼각형의 한 내각은 $60°$이고 $60° \times 3 = 180° < 360°$이므로 각 정점에

세 개의 삼각형을 붙일 수 있고, 이렇게 하여 만들어진 다면체가 바로
다음과 같은 정사면체이다.

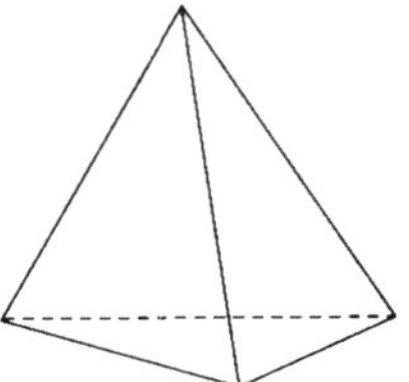

다음에, 정삼각형 네 개로 만들어지는 정팔면체를 생각해보자. 이것
은 $60° \times 4 = 240° < 360°$이므로 각 정점에 네 개의 정삼각형을 모을 수
있고 이렇게 만들어진 것과 똑같은 것을 아래에 붙이면 바로 정팔면체
가 된다.

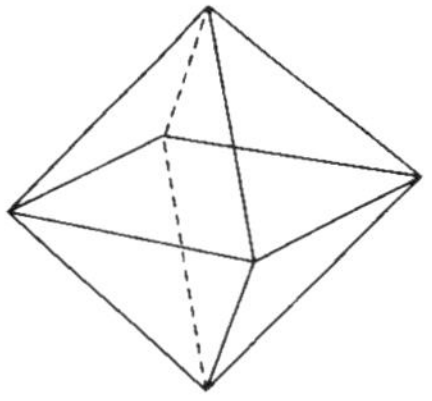

마찬가지 방법으로, 정삼각형 다섯 개를 한 정점에 모으면 정이십면
체를 만들 수 있다. 그러나 정삼각형을 여섯 개 이상 모으면 한 정점에
모인 정삼각형들의 각의 크기가 360°보다 크게 된다. 따라서 여섯 개
이상의 정삼각형으로는 정다면체를 만들 수 없다.

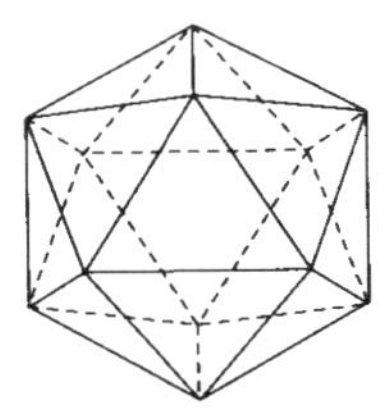

    (7) 수학이란? _ 수학은 때로 우리를 함정에 빠뜨린다

　이제, 정사각형을 가지고 만들 수 있는 정다면체를 생각해보자. 정
사각형은 한 각의 크기가 90°이므로 각 정점에 모을 수 있는 사각형은
기껏해야 세 개이고 이렇게 하여 만들어진 것이 정육면체이다.

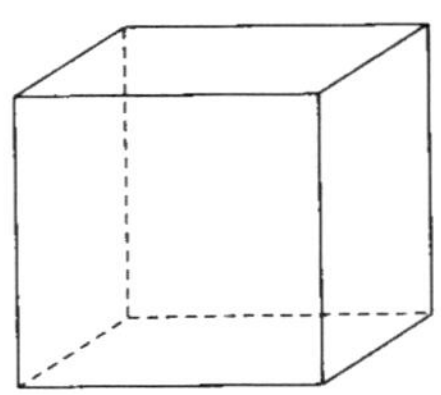

　　마지막으로 정오각형의 한 각의 크기는 108°이므로

$$108° \times 3 = 324° < 360°$$

이다. 따라서 정오각형은 각 정점에 세 개의 정오각형을 모을 수 있고,
이렇게 하면 정십이면체가 만들어진다.

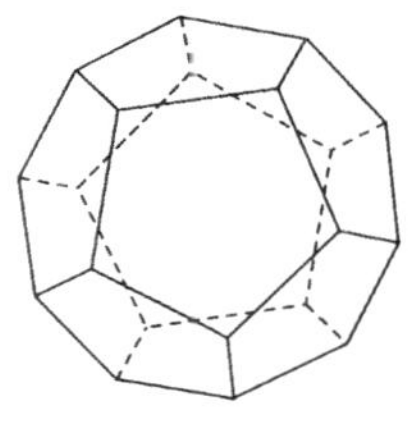

　여기서 정육각형 이상의 정다각형은 그 한 각의 크기가 크므로 한 점
에 세 개 이상의 다각형을 모을 수 없다. 즉 정육각형 이상의 다각형으
로는 정다면체를 만들 수 없다. 따라서 정다면체는 정사면체, 정육면
체, 정팔면체, 정십이면체 그리고 정이십면체 이렇게 다섯 가지밖에는
없다.

아라비안 나이트

삼차방정식에 대한 대수적 해법은 16세기에 이탈리아 수학자에 의하여 이루어졌다. 그러나 삼차방정식의 기하학적 해법은 거의 천 년 전인 11세기에 페르시아의 시인이자 수학자인 오마르 하이얌에 의하여 처음 소개되었다. 그가 아라비아의 훌륭한 수학자가 된 데는 아라비안 나이트 같은 이야기가 있다.

11세기 후반 페르시아에는 유능한 젊은이 세 명이 살고 있었다. 그들은 호라산(Khorasan)의 나이샤푸르(Naishapur)에 살고 있던 당시 가장 위대한 현인인 이맘(Imam)의 제자들이었다. 그들은 이 위대한 현인 밑에서 함께 공부하며 아주 절친한 친구가 되었다. 그들의 이름은 니잠(Nizam)과 하산(Hasan) 그리고 오마르 하이얌(Omar Khayyam)이었다. 그들 세 명은 모두 뛰어났음으로 언젠가는 반드시 큰 인물이 될 것이라는 사실을 의심하는 사람은 아무도 없었다. 그들 중 한 사람인 하산이 어느 날 그의 친구들에게 다음과 같은 제안을 했다.

"친구들! 우리 세 명 중 누구든지 높은 지위에 오르게 되면 나머지 두 명을 반드시 도와주기로 하세!"

두 친구들은 이 제안을 받아들이고, 굳은 맹세를 하였다.

그런 일이 있은 후에 제일 먼저 니잠이 당시의 군주 알프 아르슬란(Alp Arslan)의 고관이 되었고, 약속을 지키기 위하여 그의 친구들을 방문하였다. 먼저, 하산을 방문하여 소원을 묻자 하산은 이렇게 말했다.

"나는 관리가 되길 원하네."

그래서 니잠은 하산을 군주에게 추천하였고, 하산은 그가 원하는 대로 관직을 얻게 되었다. 그러나 하산은 기회만 있으면 니잠을 몰아내고 니잠의 자리를 차지하려고 하다가 결국 그의 계략이 모두 발각되어 관직에서 쫓겨나게 되었다.

반면에 오마르는 니잠에게 자기를 후원하여 학문에 힘쓸 수 있게 해 달라고 하였다. 니잠은 오마르의 소원을 들어주었다. 그 결과 오마르 하

이얌은 삼차방정식의 기하학적 해법을 발견하였으며, 수학과 과학을 아라비아에 널리 퍼뜨렸다. 또한 그는 훌륭한 시를 많이 쓰기도 하였다.

하산은 불운과 방황 끝에 어떤 광신자 집단의 우두머리가 되었다. 그의 무리는 1090년 카스피 해 남부의 산악지대에 있던 알라무트(Alamut) 성을 탈취했고, 그 성을 중심으로 지나가는 대상들을 습격하는 악명 높은 도적이 되었다. 그는 이슬람 세계를 공포에 떨게 하였으며, '산의 늙은이'로 불렀다. 후에 하산의 희생자 가운데에는 그의 친구 니잠도 끼어 있었다. 지금 사용되고 있는 '암살자' 또는 '자객'의 뜻을 가진 단어 'assassin'은 하산과 그 집단이 살인적인 습격을 위하여 사용한 마취제 '하시시(hashish)'에서 유래되었다.

수학자이자 시인인 오마르 하이얌은 1123년경에 나이샤푸르에서 죽었다. 그는 생전에 제자인 니자미(Nizami)와 자주 정원을 산책하였는데, 오마르는 북풍이 장미꽃잎을 자신의 무덤에 뿌려줄 수 있는 곳에 묻히고 싶다고 제자에게 말하곤 했다. 그러나 그 후 니자미는 스승의 곁을 떠나고 오마르가 죽은 한참 후에야 돌아왔다. 그리고 니자미는 정원 밖에 대단히 많은 장미꽃에 의하여 숨겨져 있던 그의 스승 오마르의 무덤을 발견하였다. 그 뒤 1884년에 일러스트레이트디 런던 뉴스

(Illustrated London News)의 순회 화가인 심프슨(W. Simpson)이 나이
샤푸르를 방문하여 장미꽃으로 뒤덮인 오마르의 무덤을 발견하였다.
그는 그곳에서 오마르의 무덤을 덮고 있는 장미의 씨앗을 영국으로 가
지고 왔다. 그리고 1893년 10월 7일 오마르를 유명하게 만들었던 아일
랜드의 번역가 피츠제럴드(Fitzgerald)의 무덤에 그 장미를 심었다. 피
츠제럴드는 오마르의 시집 《루바이야트(The Rubaiyat)》를 번역하여 서
구 세계에 오마르를 널리 알리고 사랑 받게 하였다.

과학 분야에서도 오마르는 놀랍도록 정교하게 개정한 달력으로 유
명하며, 유클리드의 평행선 공리에 대한 그의 비판적인 논의는 그가
사케리*(Saccheri)의 선구자임을 알려주고 있다. 사케리는 비유클리드
기하학의 발전을 이끌게 되는데, 특히 오마르는 양의 실근을 갖는 모
든 형태의 삼차방정식을 기하학적으로 풀어서 아라비아 대수학에 독

---

* 유클리드의 평행공존에 관한 최초의 실제적이며 과학적인 연구를 시작한 사람으로 알려져 있다. 그
　가 파비아 대학교의 수학 교수로 재직할 때 〈유클리드의 결점의 제거〉라는 제목의 소책자를 죽기
　수개월 전에 발표하였다.

창적인 공헌을 했다.

아주 절친했던 세 친구는 각각 훌륭한 재상으로, 꽃 무덤에 잠든 학자이자 시인으로, 그리고 무서운 도적으로 지금까지 전해지고 있다.

수학에서 아라비아인들의 기여는 대단한 것이었다. 그러나 오마르를 비롯한 몇몇 사람을 제외하고는 대부분의 아라비아인들은 새로운 수학을 창조하지는 못했다. 그러나 그들은 중세의 암흑시대에 세계의 많은 지적 재산을 잘 관리하여 후대의 유럽인들에게 넘겨줌으로써 인류의 지적 발달과 발전에 큰 기여를 했다. 그들은 그리스의 거의 모든 저작들을 아라비아어로 번역하였으며, 동양과 서양을 이어주는 다리 역할도 하였다. 한 예로, 우리가 현재 사용하고 있는 숫자 1, 2, 3, …도 아라비아인들이 인도에서 유럽으로 전파해 준 것이다. 그래서 우리는 이 숫자를 인도-아라비아 숫자라고 한다.

아라비아인들은 고대의 지식을 중세에 전하며 여러 가지 수학적 용어를 만들어 내기도 하였다. 수학에서 사용하는 전문 용어들은 그 수가 굉장히 많은데, 그것들 중에는 원래의 뜻과는 전혀 관계없는 어원을 갖는 경우도 종종 있다. 그러나 '대수학(Algebra)'과 같이 그 용어가 뜻하고 있는 것과 유사한 것도 있다. Algebra는 아라비아의 수학자 알-콰리즈

미(al-Khowa'rizmi)의 논문인 〈재결합과 대립의 과학(Hisa'b al-jabr w' al-muqa'-balah)〉에서 방정식과 과학의 동의어인 'al-jabr'란 단어에서 유래되었다. 또, 여러분들이 잘 알고 있는 용어인 '알고리즘(Algorithm)'은 알-콰리즈미의 책에서 유래되었는데, 그 책의 원본이 현존하지는 않지만 1857년에 그의 라틴어 번역본이 발견되었다. 그 책의 서두에

알고리트미(algoritimi)가 말하기를 …

이란 말이 나오는데 이것은 알-콰리즈미의 이름이 알고리티미로 변하고 이것이 다시 알고리즘으로 변하여 지금의 알고리즘이 되었다.

삼각함수의 사인(sine)에 관한 것이 원래의 뜻과는 전혀 관계없이 전해진 대표적인 예인데, 그 어원은 다음과 같다.

원주율에 대한 근삿값을 구한 6세기경에 활동한 인도 수학자 아리아바타(A'ryabhata)가 '반현(ardha'-jya')'을 '현(jha')'이라 줄여서 삼각함수 가운데 Sine을 표현하였다. Sine 함수를 의미했던 '반현'의 아라비아어의 의미는 '사냥꾼의 활의 현'이라는 뜻이다. 나중에 이것을 아라비아

인들이 발음 나는 대로 'jiba'로 사용하다가 모음을 생략하는 아라비아인들의 특성에 의하여 'jb'라고 표기하였다. 그 후에 여러 저자들이 이것을 'jaib'로 대체하였는데 이것은 '협곡' 또는 '만'이라는 뜻이었고, 이 단어를 라틴어로 번역하여 'sinus'로 사용하였다. 이것이 현재 사용하고 있는 sine의 기원이 되었다.

또 한 가지, cosine은 처음에는 sine에 대하여 '나머지의 현(chorda residui)'으로 1120년경부터 부르기 시작했다. 그 후, 1579년에는 같은 뜻으로 'sinus residuae'라고 쓰였고, 1609년에는 '제2의 현'이란 뜻으로 'sinus secundus'라고 쓰이기도 하였다. 그러나 오늘날과 같은 용어에 가까운 것을 최초로 사용한 것은 영국의 건터(Gunter)로 1620년경에 co. sinus로 표기하였다. 그 후에 존 뉴턴(John Newton)이 1658년에 'cosinus'라 썼으며 1674년에 무어(Moore)가 cos로 쓰기 시작한 이래 지금까지 사용되고 있다.

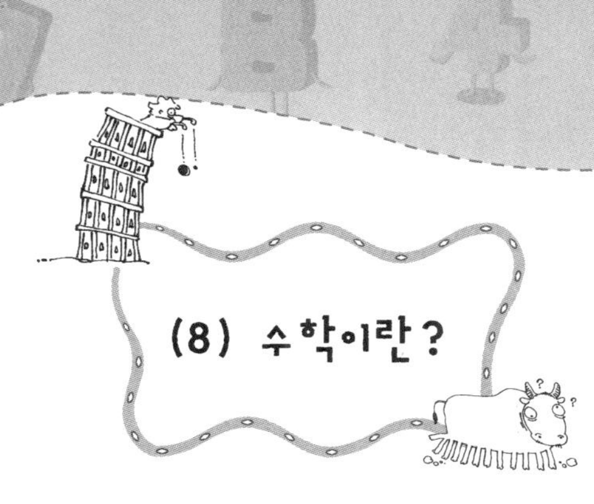

괴팍한 과학자 한 명이 그의 동료인 공학자, 물리학자 그리고 수학자를 납치하여 따로 따로 방에다 가둔 뒤, 다양한 종류의 통조림을 풍부하게 주었다. 그러나 통조림을 따는데 필요한 깡통따개는 주지 않았다. 이렇게 가두어 놓은 지 일 년이 지난 후에 그 괴팍한 과학자는 그들을 가두어 놓은 곳에 가 보았다.

먼저, 공학자를 가두어 놓은 방에 갔다. 그러나 공학자는 이미 거기에 없었다. 공학자는 이것저것을 이용하여 깡통따개를 만들었고, 깡통과 여러 가지 음식물들을 이용해 만든 폭탄으로 이미 탈출하였다.

그 다음 물리학자를 가두어 놓은 방에 갔다. 그랬더니 물리학자는 벽에 깡통을 던져서 통조림을 따덕고 있었다. 자세하게 살펴보니 그 물리학자는 깡통을 벽에 던질 때 깡통이 가장 잘 열리는 각도와 속도 등을 계산하여 새로운 역학을 만들고 있었다.

마지막으로 수학자를 가두어 놓은 방에 갔더니 수학자는 통조림을 한 개도 따지 못하고 굶어 죽어 있었다. 그런데 그 수학자는 따지 못한 통조림들을 '어떻게 배열하고 잘 정리하여야 가장 보기 좋고 이용하기

편리할까'라는 문제를 풀어놓았을 뿐만 아니라, 통조림의 부피, 표면적 등등 여러 가지를 계산해 놓았다. 그리고 그는 다음과 같은 이론을 마지막으로 증명하다가 죽었다.

[정리] 통조림을 따지 못하면 나는 죽는다.

[증명] 만약 내가 임의의 통조림을 딸 수 있다면…

암흑에서의 탈출

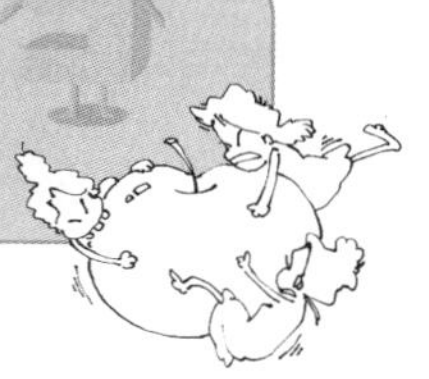

과연 수학은 지금도 발전하고 있는가? 또한, 새로운 수학이 계속해서 나타나고 있을까?

몇 년 전에 수학자 울람(Ulam)은 매년 약 100,000개의 새로운 정리가 발표되고 있다고 말하였다. 그러나 그 모임에 참석했던 두 명의 젊은 수학자가 좀더 세밀한 계산을 통하여 그 수치를 두 배로 만들었다. 그러나 요즘은 해마다 약 300,000개의 새로운 정리가 발표되고 있다고 하니 정말 엄청나다.

그러나 수학에 언제나 이런 굉장한 발전만 있었던 것은 아니다.

중세 유럽 수학의 한 예를 보자.[*]

로마제국이 서서히 몰락하는 5세기 중엽부터 11세기에 이르는 기간을 흔히들 유럽의 암흑시대라고 부른다. 이 기간에 서구문명은 발전하지 못하고 오히려 쇠퇴해가고 있었다. 학교에서의 교육은 점점 사라져가고 고대세계로부터 물려받은 많은 예술과 기술은 하나 둘 잊혀져 갔다. 단지 가톨릭 수도원의 수도사들과 몇몇 지식인들만이 그리스와 라틴문명의 명맥을 간신히 이어가고 있는 정도였으며, 강한 종교적 신앙으로 인하여 사회의 모든 질서는 봉건적이고 교회 중심적으로 변해갔다.

우리가 현재 사용하고 있는 인도-아라비아 숫자를 유럽에 전파시킨 제르베르(Gerbert, 약 950~1003)가 999년에 교황이 되자 과학과 수학의 그리스 고전들이 회교문명에서 서유럽으로 서서히 전해지기 시작했다.

이것은 회교문명이 고대 그리스와 아시아의 문명을 아라비아어로 번역하면서 두 지역 문명을 이어주는 역할을 하였고, 아라비아를 여행하던 유럽의 학자들이 이것을 라틴어로 번역하면서 시작되었으며, 아라비아 세계와 서유럽간의 통상을 통해서도 전해지기 시작했다.

이렇게 해서 암흑시대를 서서히 벗어났던 12세기는 수학사에 있어서 번역가의 세기가 된다. 이때 번역된 것으로 여겨지는 고대 그리스의 저작들로는 유클리드의 《원론》, 프톨레마이오스(Ptolemy)의 《알마게스트(Almagest)》 그리고 알-콰리즈미의 《대수》 등을 들 수 있다.

---

[*] 중국과 우리나라 수학에 대해서는 《또 웃기는 수학이지 뭐야》에서 자세히 소개했다. 관심이 있는 독자들은 이 책을 읽어보기 바란다.

13세기에는 중세에서 가장 뛰어난 수학자인 레오나르도 피보나치(Leonardo Fibonacci, 약 1170~1250)가 등장한다. 피보나치는 당시 상업의 중심지였던 피사(Pisa)에서 타어났다. 아버지가 세관원으로 있을 때 어린 피보나치는 아프리카의 북부해안에 있는 부기(Bougie)에서 자랐다. 아버지의 직업은 피보나치에게 산술에 흥미를 갖게 하는 계기가 되었으며, 아라비아의 항구들을 방문하고 이집트, 시칠리아, 그리스, 시리아 등을 널리 여행함으로써 동양과 아라비아 수학을 접할 수 있는 계기가 되었다.

그의 뛰어난 책인 《산반서》의 초판은 현존하지 않으나 1228년에 출판된 제2판을 통하여 우리에게 알려지게 되었다. 전체 15장으로 이루어진 이 책은 인도-아라비아의 숫자 표기법을 읽고 쓰는 방법, 정수와 분수의 계산 방법, 제곱근과 세제곱근의 계산방법, 임시 위치법과 대수적 방법에 의한 일차방정식과 이차방정식의 해법 등에 관해 설명하고 있다. 그리고 방정식의 음의 근과 허수인 근은 인정하지 않고 있으며, 대수학은 수사적이다. 물물교환, 조합 영업, 혼합법, 측량기하 등에 관한 응용문제들이 주어져 있는 이 책의 가장 중요한 점은 인도-아

라비아 수 체계를 유럽에 널리 보급했다는 점이다.

《산반서》에는 재미있는 수열이 소개되어 있는데, 그것은 바로 '피보나치 수열(Fibonacci sequence)'이라는 것이다. 이 수열은 《산반서》에 있는 문제들 중에서 가장 결실이 풍부한 문제이다. 이 수열은 원래 토끼의 번식에서 출발한 것이다.

한 쌍의 토끼가 매달 한 쌍의 토끼를 낳고, 새로운 토끼 쌍은 두 달 뒤부터 그와 같은 방법으로 새끼를 생산한다면, 한 쌍의 토끼가 일 년 후에는 몇 쌍의 토끼가 될까?

그러나 현대에 와서 가장 적절한 예는 아마도 '벌의 섭생'일 것이다. 벌의 섭생이란 여왕벌이 낳는 알 중에서 수정이 된 것은 암벌이 되고, 수정이 안 된 것은 수벌이 되는 것을 말한다. 실제로 여왕벌은 수벌로부터 받은 정자를 수개월, 심지어는 수년간씩이나 체내에 갖고 있다가 벌집의 규모나 벌의 사회의 여건 및 필요에 따라 새끼 벌의 성(gender)을 조절하여 알을 낳는다고 한다.

수정이 되지 않아도 생기는 수벌의 개체수를 m으로, 수정이 되어야

만 생기는 벌의 개체수를 f로 표시하여 가계도를 그리면 아래 그림과 같고, 각 세대의 벌의 총수가 바로 피보나치 수열

$$1, 1, 2, 3, 5, 8, 13, \cdots$$

이 된다.

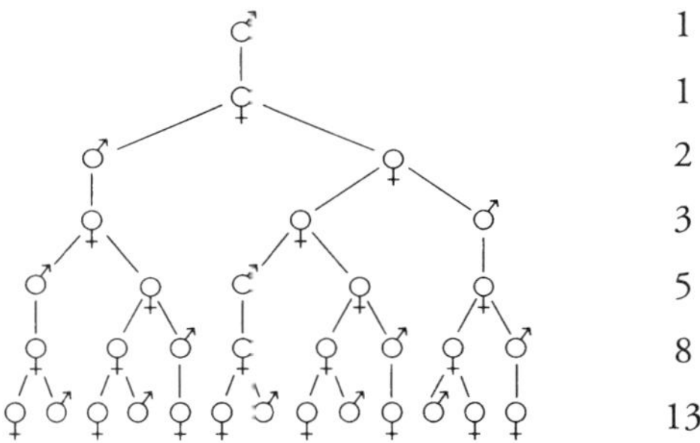

    이 수열은 하나의 정사각형을 서로 같지 않은 정사각형으로 분할하는 문제와 같은 분할 수수께끼, 그림, 잎차례 등에 적용되며 수학의 여러 분야에서 다양한 형태로 나타난다.

    1963년에는 호가트(Verner Hoggatt Jr.) 박사를 우두머리로 하여 '국제 피보나치 학회(The International Fibonacci Association)'가 창설되었고, 피보나치 수열과 그와 관련 있는 수열만을 주로 다루는 정기 간행물인 《피보나치 계간지(The Fibonacci Quarterly)》가 출판되기 시작하여 현재에 이르고 있다. 물론 지금도 이 학회는 아주 활발한 활동을 하고 있다.

    《산반서》에는 피보나치 수열 이외에도 중세에 유행했던 다음과 같은 문제도 있다.

로마로 가는 길에 일곱 명의 늙은 여인들이 있다. 각 여인은 일곱 마리의 노새를 갖고 있다. 각 노새는 일곱 개의 부대를 운반한다. 각 부대에는 일곱 개의 빵 덩어리가 담겨 있다. 각 빵 덩어리는 일곱 개의 칼이 함께 있다. 각 칼은 일곱 개의 칼집을 가지고 있다. 여인, 노새, 부대, 빵, 칼 그리고 칼집은 모두 합해서 얼마나 많은 것이 로마로 가는 길에 있는가?

이 문제의 답은 다음과 같다.

여인	7
노새	49
부대	343
빵	2401
칼	16807
칼집	117649
합	137256

또 이런 문제도 있다.

어떤 사람이 그의 맏아들에게 금화 한 닢과 나머지의 $\frac{1}{7}$을 상속했다. 그리고 그 나머지로부터 둘째 아들에게 금화 두 닢과 나머지의 $\frac{1}{7}$을 상속했다. 이 새로운 나머지로부터 셋째 아들에게 금화 세 닢과 나머지의 $\frac{1}{7}$을 상속했다. 이와 같은 방법으로 계속해서, 아들 각자에게 그 전 아들보다 금화 한 닢을 더 주고 나머지의 $\frac{1}{7}$을 상속했다. 이와 같이 분배하여 마지막 아들에게 나머지를 모두 주었는데, 모든 아들이 똑같은 재산을 분배받았다. 얼마나 많은 아들이 있으며, 얼마나 많은 재산이 있었는가?

위 문제의 풀이는 다음과 같다.

x가 상속재산 전체를 나타내고, y는 아들 각자가 상속받은 양이라 하자. 그러면 첫째 아들은 $1+\dfrac{x-1}{7}$을 받고, 둘째 아들은

$$2+\frac{x-\left(1+\dfrac{x-1}{7}\right)-2}{7}$$

만큼 받았다. 이것을 같게 놓음으로써 $x=36$, $y=6$을 얻을 수 있다. 즉 아들은 6명이고 재산은 금화 36개임을 알 수 있다.

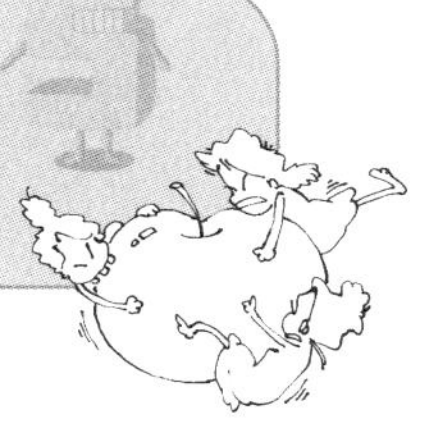

석왕사의 전설

석왕사(釋王寺)는 지금의 함경남도 안변에 있는 절로 조선의 시조인 이성계가 왕이 된 후에 이태조의 왕사(王師)인 무학대사가 세워졌다고 전해지고 있다.

이성계가 왕이 되기 전의 이야기가 여러 가지 전해 내려오고 있는데, 그 중 한자를 사용하여 점을 치는 파자점(破字占)에 얽힌 이야기와 꿈에 관한 이야기가 있다. 먼저 파자점에 얽힌 이야기를 보자.

어느 날 이성계가 길을 가다가 한자(漢字)점을 잘 친다는 사람을 만

났다. 그 점쟁이는 한자가 가득 써진 글자판을 이성계에게 보여주며 한 글자를 선택하라고 하였다. 그래서 이성계는 물을 문(問)자를 선택했다. 그러자 그 점쟁이는 갑자기 벌떡 일어나 이성계에게 큰절을 하며

"선비님은 임금이 되실 것입니다."

라고 하였다. 그래서 그 이유를 물었더니 점쟁이는

"問자는 좌변으로 보아도 임금 군(君)자요, 우변으로 보아도 임금 군(君)자이니 이는 필시 임금이 될 점괘입니다."

라고 하였다.
　이성계는 이 점쟁이를 시험하기 위하여 거지를 데리고 와서 좋은 옷을 입혀 그 점쟁이에게 보냈다. 그 거지는 이성계와 마찬가지로 물을 문(問)자를 가리켰다. 그러자 그 점쟁이는

"당신은 거지이군요."

라고 하였다. 이 거지가 그 이유를 물으니 점쟁이는 이렇게 말했다.

"問자의 형상은 입 구(口)자가 문 문(門)자에 붙어있으니 이는 필시 문 앞에서 구걸할 팔자이니 거지일 수밖에는 없군요."

　이제 그의 꿈에 관한 이야기를 보자.

어느 날 이성계가 꿈을 꾸었는데 자기가 서까래 세 개를 등에 짊어지고 있었다. 그리고 곧이어 어여쁘고 탐스러운 꽃이 보였는데, 그 꽃잎이 모두 떨어져 버렸다. 마지막으로 그는 거울이 깨어지는 것을 보고 꿈에서 깨어났다. 이성계는 이 꿈의 해몽을 무학대사에게 부탁하였다. 무학대사는 다음과 같이 해몽해주었다.

"서까래 세 개를 등에 짊어진 것은 한자(漢字)로 치면 임금 왕(王)을 뜻하는 것이고, 꽃잎이 모두 떨어진 것은 곧 열매를 맺을 것이라는 의미입니다. 또한 거울이 깨어지면 반드시 큰 소리가 나는 법이니 이는 널리 그 이름을 떨치게 된다는 의미입니다. 그러니 장군께서는 반드시 임금이 되실 것입니다. 만약 저의 해몽이 맞아서 후에 임금이 되시면 바로 이곳에 절을 지어 주십시오."

그래서 임금이 된 이성계는 이 자리에 절을 짓고 석왕사라 했다.
무학대사는 꿈을 해몽한 후에 이성계가 어느 정도의 인물인가를 알아보기 위하여 명주실 한 타래를 가지고 와서 다음과 같은 질문을 하였다.

"명주실 한 가닥을 반으로 접어 두 겹이 되게 하고, 접은 것을 다시

반으로 접어 네 겹이 되게 하고 이와 같이 계속 반으로 접어 가기를 30
번을 계속하면 마지막의 굵기가 얼마나 되겠습니까?"

그러자 이성계는 절의 기둥을 가리키면서 대답했다.

"그 굵기는 저 기둥 정도가 될 것 같습니다."

그렇다면 실제는 어느 정도 될까? 이 명주실 100가닥을 합친 굵기가
성냥개비 한 개 정도의 굵기인 1제곱밀리미터 가량 된다고 할 때, 한
번 접으면 2개, 두 번 접으면 4개, 세 번 접으면 8개, …, 따라서 30번
접으면 2^{30}가닥이 된다. 2^{30}은 정확하게 1,073,741,824가닥의 명주실
을 겹쳐놓은 것이다. 약 100가닥의 굵기가 1제곱밀리미터이므로 이 결
과의 굵기는 약 10,737,418제곱밀리미터이고 이것은 약 10.7제곱미터
의 넓이를 갖는 원이다. 즉, 반지름이 약 1.85미터인 원의 넓이와 같다.
따라서 그 굵기는 지름이 3.7미터인 기둥과 같게 된다. 그러므로 당시
이성계가 가리킨 기둥은 25번 내지는 26번 정도 접은 결과인 것이다.
놀라운 암산 능력임에 틀림없다.

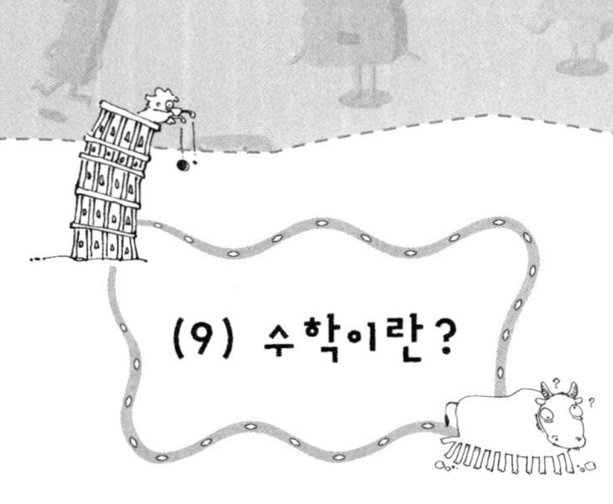

지구를 반지름이 R미터인 완전한 구라 하자. 그러면 원에 대한 간단한 공식으로부터 지구의 단면을 이루는 원의 둘레를 구할 수 있다. 그 길이는 $2\pi R$미터이고, 지구의 북극점에서부터 지구를 끈으로 묶으면 끈의 길이 또한 $2\pi R$미터가 된다.

다음에 그 끈의 길이를 1미터만 늘리자. 그러면 끈의 전체 길이는 $(2\pi R+1)$미터가 되고, 이 끈으로 지구를 다시 묶으면 처음 끈보다 긴 끈이므로 지구와 끈 사이에는 틈이 생길 것이다. 이 틈 사이로 고양이가 빠져나갈 수 있을까?

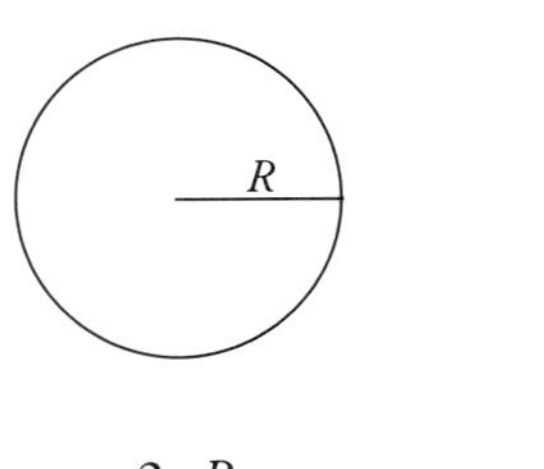

$2\pi R$ $2\pi R+1=2\pi(R+x)$

　실제로는 아니지만 수학적으로는 빠져나갈 수 있다. 왜냐하면, 끈과 지구 사이의 틈을 x라 하면 반지름이 R에서 $R+x$로 늘어났다. 따라서 다음 식이 성립한다.

$$2\pi R + 1 = 2\pi(R+x) = 2\pi R + 2\pi x$$

그러므로 $x = \dfrac{1}{2\pi}$미터이고 $\pi = 3.14$이라면 이 값은 약 0.16미터가 된다. 즉 16센티미터이다. 이만하면 고양이가 충분히 빠져나갈 수 있다.

수학은 재미있고 오묘하다

악마의 수 666

1544년에 출간된 《산술총서(Arithmetica integra)》를 저술한 16세기 독일의 가장 위대한 수학자 슈티펠(Michasel Stifel, 1486~1567)은 수학사에서 가장 미묘한 인물로 알려져 있다.

그의 책 《산술총서》는 모두 3부로 나누어져 있는데 각각 유리수, 무리수, 대수에 관한 내용을 담고 있다.

제1부는 등차수열과 등비수열을 연관시키는 이점을 지적하면서 한 세기 뒤의 네이피어(Napier)의 로그 출현을 유도하였다. 또한 17제곱 이하의 모든 이항계수를 구하였다.

제2부는 유클리드의 《원론》 제10권의 해설서이고, 제3부는 방정식을 다루고 있다. 방정식의 음의 근은 무시했지만 기호 $+$, $-$, $\sqrt{\ }$ 들이 이용되고 있고, 종종 미지수가 문자로 표현되기도 했다. 즉 기호대수의 시작인 것이다.

원래 수도사였던 슈티펠은 마틴 루터(Matrin Luther)를 따라 신교로 개종한 후 광신적인 개신교도가 되었다. 그리고 아주 독특한 생각들이

그를 신비주의에 빠져들게 했다. 그는 성경에 관한 저작을 분석하여 1533년 10월 3일이 되면 세상에 종말이 온다고 예언했다. 그러자 많은 사람들이 일하기를 그만두고 재산도 내팽개쳐 버리고 그와 함께 천당에 가길 원하였다. 오늘날에도 이런 어리석은 종교집단이 있지만 어쨌든 이 일로 그는 감옥신세를 지게 되었다.

슈티펠의 신비적인 추론의 한 극단적인 예는 그가 산술기법을 이용하여 당시 교황 레오 10세(Leo X)가 《요한 계시록》에 나오는 적그리스도라는 것을 증명한 데서 찾아볼 수 있다. 그는 LEO DECIMVS로부터 로마 수 체계에서 의미를 갖고 있는 문자인 L, D, C, I, M, V만을 남기고 그 다음 거기에 X를 더하고 M을 뺐다. X를 더한 이유는 레오 10세에서 X를 따온 것이고, M은 신비를 뜻하므로 빼냈다고 한다. 그런 다음 이 문자를 DCLXVI로 재배열하면 이것이 《요한계시록》에서 이야기하는 악마의 수 666이 된다는 것이다.

로마 숫자는 다음과 같은 문자 표현을 갖고 있다.

1	5	10	50	100	500	1,000
I	V	X	L	C	D	M

그러므로 DCLXVI는 숫자 666이 되는 것이다.

1593년에 로그의 발명자인 네이피어는 로마 교황청을 비판하여 유명해진 《요한 계시록의 명백한 발견》을 출판했다. 그는 이 책에서 666이 로마 교황을 뜻하며 창조주는 이 세상을 1688년에서 1700년 사이에 멸망시킬 것이라는 사실을 증명하려고 애썼다. 이 책은 당시 대단한 인기를 얻었으며 21쇄까지 발행되었다. 네이피어는 이 책이 계속해서 후대까지 널리 읽히리라고 호언했지만 지금 이 책은 몇몇 호기심 많은 학자들을 제외하고는 읽히지 않는다. 반면 네이피어의 예수회 동기생인 본구스(Bongus)는 666이 마틴 루터를 뜻한다고 선언하기도 했다. 물론 이것들은 모두 나름대로의 수학적 방법을 동원하여 얻은 결론들이었다. 그의 추론은 다음과 같다.

A로부터 I까지가 1부터 9이고, K부터 S까지가 10부터 90까지의 10단위 수이고, T부터 Z까지가 100부터 500까지의 100단위 수이며, 마틴 루터의 알파벳을 이 수로 바꾸어 모두 더하면 666이 된다는 것이다.

M	A	R	T	I	N	L	U	T	E	R	A
30	1	80	100	9	40	20	200	100	5	80	1

산술기법을 이용하여 제1차 세계대전 때에는 666이 빌헬름(Wilhelm) 황제를 뜻한다고도 했고, 제2차 세계대전 때에는 히틀러를 뜻한다고 했으며, 《요한계시록》이 써진 본래의 아랍어의 문자 기호 666을 표현하면 네로(Nero)라는 이름이 된다고도 하였다. 하여간, 666은 해석하기에 따라서 여러 사람을 지칭하는 것으로 보아 무서운 수임에는 분명한가 보다.

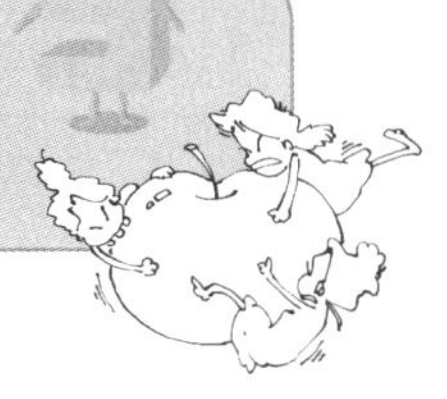

말더듬이 수학자

이차방정식의 해법은 이미 그리스 시대 이전부터 나타나기 시작했지만 삼차 이상의 방정식에 관한 해법은 16세기가 되어서야 대수적인 해법이 등장했다. 삼차방정식의 기하학적인 해법은 이미 11세기에 아라비아의 시인이자 수학자인 오마르 하이얌에 의하여 나타났다.

삼차방정식의 대수적인 해법의 등장은 이탈리아의 수학자 카르다노(Cardano)와 타르탈리아(Tartaglia)에 의하여 완성되었다. 타르탈리아의 본명은 폰타나(Fontana)였다. 타르탈리아는 '말더듬이'라는 뜻인데, 그가 어렸을 때 마을을 점령한 프랑스 병사들에 의하여 큰 상처를 입은 뒤에 붙여진 이름이다.

카르다노는 수학의 역사를 통하여 보기 드문 특이한 성격을 가진 사람 가운데 한 명이었다. 그는 밀란(Milan)에서 수학을 가르치며 의사 개업까지 한 천재였지만 부도덕한 인물로 알려져 있다.

카르다노는 1501년 파비아(Pavia)에서 어떤 법률학자의 사생아로 태어났다. 그리고 열정적인 이중성격의 소유자로 성장하였는데, 좀 과장

된 것 같기는 하지만 그의 이상한 성격을 잘 말해주고 있는 일화 가운데 하나는 그가 그의 어린 아들과 같이 있을 때 일어난 일이다. 어느 날 그는 자신의 어린 아들과 함께 있었는데, 아들이 시끄럽게 소란을 피우자 화를 내며 그 아이의 두 귀를 잘라버렸다는 것이다.

어쨌든 카르다노는 그 당시 뛰어난 인물 가운데 한 사람이었고, 여러 분야에 많은 저작을 남겼다. 그의 가장 위대한 업적은 《위대한 술법(Ars magna)》이란 책이다. 이 책은 대수학만을 다룬 최초의 라틴어 논문이었는데, 이 책에 나오는 삼차방정식의 해법에 관한 내용은 사실 타르탈리아가 발견한 것을 자기의 것으로 발표한 것이다. 상습 도박꾼이었던 그는 확률에 관한 몇 가지 흥미로운 문제를 다룬 도박의 안내서를 쓰기도 했다.

그는 또한 점성가이기도 했는데, 나중에 로마 교황청의 점성가로 연금을 받기도 했다. 그러나 그는 그리스도의 생애에 대한 점성을 발표하는 무례함을 저질러 잠시 감옥에 갇히기도 했다. 그의 죽음 또한 평범하지는 않았다. 왜냐하면, 그는 자기가 죽는 날을 예언했는데 그날이 와도 죽지 않자 독약을 먹고 자살했다. 자신의 어리석은 예언을 실현시키고야 만 것이다.

타르탈리아는 1499년에 브레시아의 한 가난한 집에서 태어났다. 1512년에 프랑스가 침략하여 집배원이었던 그의 아버지를 죽이고, 그도 또한 머리와 얼굴에 큰 상처를 입게 되었다. 너무나 가난했던 그는 병원비가 없어서 어머니가 그의 상처를 핥아서 치료를 했고, 제대로 치료받지 못했기 때문에 그는 말더듬이가 되어서 타르탈리아라는 별명을 갖게 되었다. 그는 가난 때문에 제대로 배울 수가 없어서 독학으로 글을 깨우쳤다. 그는 책을 훔쳐서 읽고 쓰는 방법을 스스로 깨우쳤다. 종이를 살 수 없었던 그는 묘비를 석판으로 사용하기 위하여 공동묘지에서 공부를 했다는 이야기도 있다.

타르탈리아는 타고난 수학자였다. 그는 삼차방정식의 풀이와 함께 포술학(砲術學)에 수학을 응용한 최초의 수학자로 인정받고 있다. 그는 16세기 이탈리아의 가장 뛰어난 산술책으로 인정받는 두 권의 책을 썼는데, 이 책은 당시의 수학적 연산과 상업관행 등에 대한 모든 내용을 다루고 있다. 또한 그는 유클리드와 아르키메데스의 책들에 대한 개정판을 출판하기도 했다.

1515년에 볼로냐(Bologna) 대학교의 수학교수였던 페로(Ferro)는 최

초로 삼차방정식의 해법을 발견했다. 그는 이차항이 없는 $x^3 + ax = b$ 꼴의 삼차방정식을 대수적으로 풀었는데, 그 결과를 발표하지 않고 제자이자 사위인 피오르(Fior)에게만 알려주고 죽었다. 그런데 1535년경에 베니스 대학의 교수였던 타르탈리아가 일차항이 없는 $x^3 + px^2 = q$ 꼴의 삼차방정식의 대수적 해법을 발견했다고 주장했다. 이 소식이 전해지자 피오르는 타르탈리아에게 도전을 했다. 이 도전을 받아들인 타르탈리아는 시합이 있기 겨우 며칠 전에 삼차방정식에서 이차항이 없는 경우인 $x^3 + ax = b$에 대한 대수적 해법도 발견하였다. 결국 타르탈리아가 승리하고 더욱 명성을 얻게 되었다. 그러나 이 해법을 발표하지는 않았다.

당시 삼차방정식의 해법을 알고 싶어 하는 여러 사람 중 가장 적극적인 사람은 카르다노였다. 타르탈리아는 수학에 뛰어난 실력이 있었지만 언어장애자라는 이유 때문에 후원자가 없었다. 어느 날 카르다노는 타르탈리아를 자기 집에 초대하여 대접하며 삼차방정식의 해법을 알려주면 비밀을 지키는 것은 물론 좋은 후원자를 소개시켜 주겠다고 제안했다. 결국 타르탈리아는 그에게 해법을 알려주었다.

그러나 얼마 후 카르다노는 삼차방정식의 해법을 자기의 업적이라며 《위대한 술법》을 통하여 발표했다. 화가 난 타르탈리아는 카르다노에게 도전을 하고, 이 도전을 위하여 베니스에서 적지인 밀라노까지 갔으나 밀라노의 공개토론의 자리에 카르다노는 나타나지 않았다. 카르다노는 자기가 나서는 대신에 자신의 뛰어난 제자인 페라리(Ferrari)를 대리인으로 내세웠다. 타르탈리아는 공개토론장에서 발표하지 않겠다는 약속 아래 삼차방정식의 해법을 카르다노에게 전수했다는 사실, 그런데도 계약을 위반하고 해법을 발표한 카르다노에 대한 비난,

또 공개토론장에 나타나지 않은 일 등등을 그의 짧은 혀로 더듬거리며 열심히 호소했다. 그러나 언어장애 때문에 타르탈리아의 연설은 알아듣기 힘들었다. 그래서 그는 첫째 날의 토론이 끝난 후 자신의 불리한 입장을 깨닫고 베니스로 돌아왔고, 결국 이것은 패배를 인정하는 결과가 되고 말았다. 페라리는 카르다노가 페로로부터 제삼자를 통하여 그 정보를 얻었다고 주장했으며, 오히려 타르탈리아가 표절했다고 주장했다. 신랄한 논쟁 끝에 타르탈리아는 겨우 살아남을 수 있었다.

이런 사실들에 의하여 오늘날 삼차방정식의 대수적 해법에 관한 공적을 카르다노와 타르탈리아에게 동시에 돌리고 있다. 처음부터 불행한 운명을 타고난 타르탈리아는 이탈리아의 여러 도시에서 수학과 과학을 가르치며 생계를 유지하다가 1557년에 베니스에서 죽었다.

사차방정식의 풀이가 주어지면서 수학자들은 오차방정식의 풀이로 관심을 옮겼다. 1750년경에 오일러(Euler)는 일반적인 오차방정식을 그와 연관된 사차방정식으로 변환하여 해법을 얻고자 하였으나 실패했다. 이탈리아의 물리학자 루피니(Ruffini)는 1803년, 1805년, 1813년

에 오차 이상의 일반적인 방정식은 그 방정식의 계수들의 거듭제곱근
들로 표현할 수 없다는 논문을 발표하였으나, 완전한 증명은 없었다.
이 사실은 1824년 노르웨이의 수학자 아벨(Abel)이 독자적으로 밝혀
냈으며, 현재 이 사실은 진실로 받아들여지고 있다.

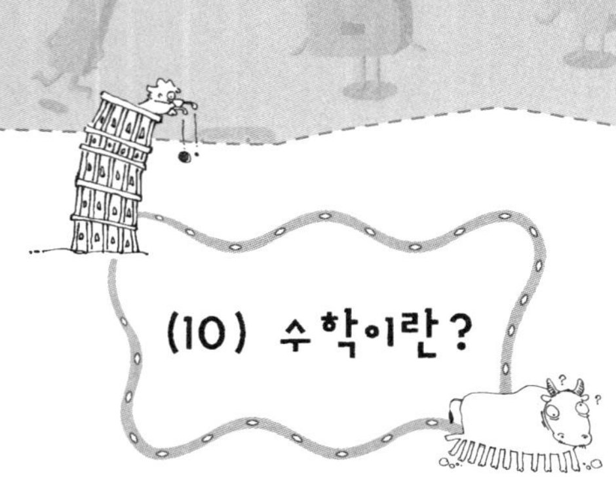

수학자들이 소의 다리의 개수를 세는 방법.

[정리] 소의 다리는 모두 12개이다.

[증명] 소의 앞다리는 모두 2개이고 소의 뒷다리는 모두 2개이다. 또한, 그 소의 양 옆에 각각 2개씩 그리고 네 귀퉁이에 각각 1개씩 다리가 있다. 따라서 소의 다리를 모두 합하면 12개이다.

과잉과 부족

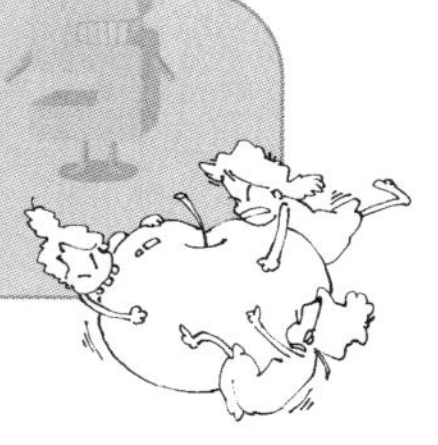

대수학에서 쓰이는 수학적 기호 몇 가지의 기원을 간단히 살펴보자. 15세기 말과 16세기 초 이탈리아 수학자 중 일부는 그들의 대수학에서 기호를 사용하기 시작하였다.

먼저, 1494년에 《대전(Summa)》을 쓴 파촐리(Pacioli)는 덧셈을 '더 많은'을 뜻하는 'pin'으로부터 p로, 뺄셈을 '더 적은'을 뜻하는 'meno'로부터 m으로 표시하였다. 또, 미지수 x를 '물건'을 뜻하는 'cosa'로부터 co로, x^2을 'censo'로부터 ce로, x^3을 'cuba'로부터 cu로, x^4을 'censocenso'로부터 cece로 각각 축약시켜 나타냈으며, 등호는 'aequalis'로부터 ae로 표시하였다. 그 후에 《지혜의 숫돌(The Whetstone of Witte)》을 쓴 레코드(Recorde, 1510~1558)는 현대적인 등호기호 =를 그의 책에서 사용하였는데, 그 이유를 이렇게 설명하고 있다.

두 평행선(=) 만큼 같은 것은 달리 있을 수 없기 때문이다.

우리에게 친근한 기호인 근호 √는 1525년 루돌프(Rudolff)가 그의 책 《미지수(Die Coss)》에서 소개하였는데, 이것은 독일어 radix(근)의 첫 글자인 r과 닮았기 때문이었다.

현재의 덧셈기호 +와 −는 '계산의 왕'이라는 별명을 가지고 있는 독일의 비드만(Widmann)이 1489년에 라이프치히에서 출판한 산술책에 나타나 있다. 이 기호들은 이 책에서 연산의 기호로 사용된 것이 아니라 단순히 '과잉'과 '부족'을 나타냈다. 덧셈기호인 +는 'and'에 해당하는 라틴어의 'et'를 빨리 썼을 때 나타나는 꼴에서 유래되었다고 전해지며, 뺄셈기호 −는 $\overline{m}$를 축약한 것으로 생각된다. 기호 +와 −는 1514년에 네덜란드의 수학자 호이케(Hoecke)에 의하여 대수적 연산기호로 사용되었지만, 그 이전에 이미 사용되었을 가능성도 있다.

나눗셈 기호인 ÷는 1659년에 취리히에서 출판된 대수학 책 《게르만의 대수(Teutsche Algebra)》의 저자인 스위스의 란(Johann Heinrich Rahn)이 처음 사용하였는데 원래는 비를 나타내는 기호인 :으로부터 왔다고 전해진다.

부등호 <, >는 영국의 수학자 해리엇(Harriot, 1560~1621)이 죽은

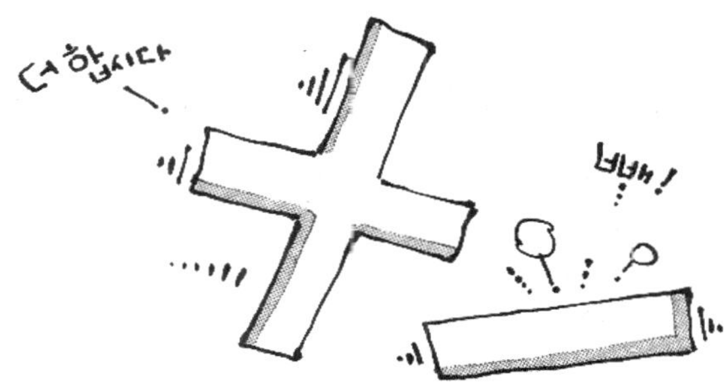

지 10년이 지난 후에 출판된 그의 책《해석술 연습(Artis analyticae praxis)》에 나타나 있다. 또 ≥, ≤는 1세기 후인 1700년대에 부거(Bouguer)가 처음 사용하였다.

곱셈기호인 ×는 영국의 오트레드(Oughtred, 1574~1660)의 책《수학의 열쇠(Klavis Mathematice, 1631)》에 나타나 있다. 그는 수학적 기호를 대단히 중요하게 강조했으며, 150개가 넘는 수학기호를 도입했다. 그중 세 개만이 현재까지 사용되고 있는데, 그것은 ×, 비율을 나타낼 때 쓰이는 네 개의 점 :: , 차이를 나타내는데 종종 쓰이는 기호인 ~ 등이다. 그는 또 부등호 <, > 대신에 ⎡⎤, ⎣⎦를 사용하기도 했다.

라이프니츠(Gottfried Wilhelm Leibniz, 1646~1716)는 최초로 dx, dy, $\int$ 등의 기호를 사용했으며, 이중 적분기호는 합(sum)을 의미하는 말의 머리글자인 s를 위 아래로 잡아당긴 모양이다. 미분에 관한 다른 기호인 f', f'', $\cdots$, y', y'' 등은 라그랑주(Joseph Louis Lagrange, 1736~1813)가 처음으로 사용하였다.

월리스(John Wallis, 1616~1703)는 무한대에 대한 현재의 기호 ∞를 처음으로 도입했다. 그는 영, 음수, 분수, 지수의 중요성을 어느 정도

완벽하게 설명한 최초의 수학자였다.

프랑스의 수학자인 비에트(Viète, 1540~1603)는 기지수와 미지수를 구분하기 위하여, 기지수는 알파벳의 자음인 $B, G, D, \cdots$ 를 썼고, 미지수는 모음인 $A, E, I, \cdots$ 를 썼다. 그러나 오늘날과 같이 기지수는 알파벳의 앞쪽인 $a, b, c, \cdots$ 으로 미지수는 뒤쪽인 $x, y, z, \cdots$ 등은 데카르트(Rene Descartes, 1596~1650)가 쓰기 시작한 것이다. 데카르트는 특히, 오늘날 아주 유용하게 쓰이는 '직교좌표계'를 도입하기도 하였다. 또한, 현재의 지수체계인 x, x^2, x^3 등을 도입한 것도 데카르트였다.

오일러(Euler, 1707~1783)는 함수 표기법 $f(x)$, 자연로그의 밑 e, 급수에서 합의 기호 $\sum$, 허수 단위원인 $i=\sqrt{-1}$ 등을 관례화시켰다. 또 n의 계승으로 읽는 $n!$은 스트라부르크의 크람프(Christian Kramp, 1760~1826)가 1808년에 도입했다. 그는 이 기호를 이전에 사용되던 기호인 $n\rfloor$ 의 인쇄상의 불편을 없애기 위하여 도입했다.

기호 π는 영국의 초기 수학자 오트레드, 배로(Isaac Barrow, 1616~1703), 그레고리(David Gregory, 1661~1708) 등이 원주를 나타내는 데 사용되었다. 원주에 대한 지름의 비로 이 기호를 최초로 사용한 사람은 영국의 작가 존스(William Jones, 1675~1749)였는데, 오일러가 1737년에

이것을 채택하고 나서야 비로소 일반적으로 사용될 수 있었다.

우리가 현재 사용하고 있는 소수표현은 스테빈(Simon Stevin, 1548~1620)이 처음 도입했다. 그는 다음과 같이 소수를 표현했다.

$$3.1415 = 3 \overset{0}{1} \overset{1}{4} \overset{2}{1} \overset{3}{5}$$

17세기 초반부터 수학자들은 본격적으로 수학을 기호화하기 시작하였다. 그러나 수학의 기호는 뉴턴과 라이프니츠가 살던 시대까지도 완전히 정립되지 못했다. 오늘날 거의 대부분의 수학기호는 국제적으로 사용하고 있지만, 유럽에서는 나눗셈 기호 ÷을 :로 사용하고 있다. 이처럼 지금도 어떤 기호는 지역에 따라 달리 사용하고 있으며, 새로 태어나고 소멸되는 기호도 많이 있다. 이로 미루어 보아, 수학은 아직도 꾸준히 발전하고 있음을 알 수 있다.

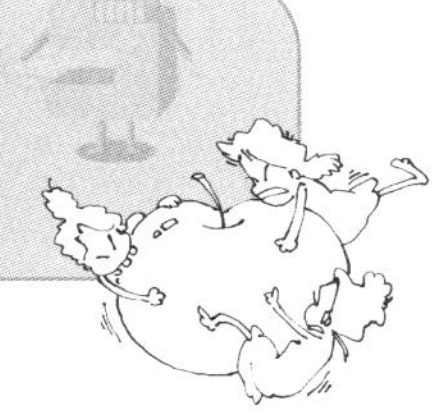

술 취한 비둘기

수치계산이 중요시되는 많은 분야들, 즉 천문학, 항해, 전쟁, 공학, 무역 등에서 계산을 빠르고 정확하게 수행할 수 있게 되기를 바라는 요구가 끊임없이 증가되어 왔다. 이런 요구에 따라 인도-아라비아 숫자 표기법, 소수, 로그, 현대적인 컴퓨터가 등장하는데, 여기서는 17세기 초반에 나타난 로그에 대하여 알아보자.

1614년 에든버러에 살고 있던 스코틀랜드의 한 귀족은 자신의 발명에 대한 놀라운 사실을 소책자로 출판하였다. 그의 이름은 네이피어(John Napier)였고, 그 놀라운 발명이란 바로 로그(logarithm)였다. 그의 소책자는 〈놀라운 로그체계의 기술〉이었으며, 로가리즘(logarithm)이라는 말은 '비율수(ratio number)'를 뜻한다. 네이피어는 처음에 '인위적인 수(artificial number)'라는 표현을 사용하다가 나중에 로가리즘이라는 말을 사용했다. 로그의 장점은 곱셈과 나눗셈이 로그에 의하여 더욱 단순한 계산인 덧셈과 뺄셈으로 바뀐다는 것이다. 후에 천문학자

인 라플라스(Pierre Simon Laplace, 1749~1827)는 이렇게 말했다.

로그의 발명으로 일거리가 줄어서 천문학자의 수명이 두 배로 연장되었다.

요즘은 일반적으로 로그를 지수로 간주한다. 즉 $a = b^x$이면 x는 b를 밑으로 하는 a의 로그라고 한다. 즉

$$x = \log_b a$$

이다. 이 정의에 의하면 로그의 법칙들은 지수의 법칙으로부터 바로 얻어진다. 그러나 초기에 네이피어가 《놀라운 로그체계의 기술》이라는 그의 책에서 소개했던 로그는 각에 대한 sine의 로그값을 계산한 것이었다. 그래서 지수가 사용되기 전에 로그가 발견되었다는 것은 수학사에서 아주 특이한 경우이다. 어째든 네이피어의 로그에 관한 생각의 기초는 그 당시 잘 알려진 식

$$\sin A \sin B = \frac{\cos(A-B)-\cos(A+B)}{2}$$

이었던 것 같다. 왜냐하면 그가 처음에 로그를 각의 sine값에 대한 로그로만 제한했기 때문이다.

로그가 발표되자 그 내용은 곧 큰 관심의 대상이 되었다. 로그가 발표된 다음 해에는 런던의 그레샴 대학의 기하학 교수이며 후에 옥스퍼드 대학의 교수가 된 브리그스(Henry Briggs, 1561~1631)가 로그의 발명자에게 경의를 표하기 위하여 에든버러를 방문했다. 전해오는 이야기에 의하면, 브리그스가 런던에서 에든버러로 가는 도중 내내 어려운 로그를 발견한 네이피어의 머리가 얼마나 클 것인가를 생각했다고 한다.

이 방문을 계기로 네이피어와 브리그스는 1의 로그값이 0, 10의 로그값이 1, 그 외의 로그값이 10의 적당한 거듭제곱이 되도록 수정하면 로그표가 더욱 유용하리라는 의견의 일치를 보았다. 이것이 소위 '브리그스의 로그(Briggsian logarithm)' 또는 '상용로그(common logarithm)' 라고 불리는 오늘날의 로그가 탄생하게 된 동기이다.

네이피어를 방문하고 런던으로 돌아온 브리그스는 상용로그표를 만드는데 그의 모든 열정을 쏟았다. 그는 1624년에 1부터 20,000까지와 90,000부터 100,000까지의 수에 대한 소수 14자리의 상용로그표를 수록한 《로그산술》을 출판했다. 20,000부터 90,000까지의 빈틈은 네덜란드의 출판인이자 서적 상인인 블락(Adriaen Vlacq, 1600~1666)의 도움으로 후에 완성되었다.

1971년에 니카라과 정부는 세계에서 '가장 중요한 수학 공식 10개'에 관한 우표를 발행했다. 각 우표에는 삽화와 함께 선정된 공식이 인쇄되었고, 뒷면에는 그 공식의 중요성에 관한 설명이 짤막하게 쓰여 있다. 그 중 하나가 네이피어의 발명품인 로그가 선정되어 있다. 여기에 나타난 공식들은 우표에 자주 등장하는 왕이나 장군들의 공적보다 인류발전에 훨씬 더 기여를 한 것들이다. 로그를 포함하여 선정된 공식들은 계산의 기본공식 $1 + 1 = 2$, 피타고라스 정리, 아르키메데스의 지렛대 공식, 뉴턴의 만유인력의 법칙, 맥스웰의 전기와 자기의 네 가지 방정식, 볼츠만의 기체 방정식, 치올코프스키의 로켓 방정식, 아인슈타인의 질량과 에너지의 관계식, 드 브롤리의 물질파 방정식 등이다.

로그의 발명자인 네이피어는 그의 아버지가 겨우 16세 때인 1550년에 에든버러 근교의 머치스톤 성에서 태어났고 1617년에 죽었다. 그는 대부분의 생애를 이 성에서 보냈다. 그는 그 당시의 정치적 종교적인 논쟁에 온 힘을 기울였고, 정치적, 종교적 논쟁으로부터 휴식을 취하기 위하여 수학과 과학을 연구하였다. 그 결과 그는 수학에서 네 가지의 중요한 것들을 발견하였다. 그가 발견한 것은 (1) 로그의 고안, (2) 직각구면 삼각형을 푸는데 이용되는 공식인 '원 부분의 법칙(The rule of circular parts)', (3) 빗각구면삼각형을 푸는데 유용한 '네이피어의 유동식(Napier's analogies)'로 알려진 네 개의 공식 중 적어도 두 개의 삼각법의 공식, (4) 수를 기계적으로 곱하고 나누고 제곱 등을 구하는데 이용되는 기구인 '네이피어의 막대(Napier's rods)'이다. 이 중에서 로그의 고안은 계산의 작업량을 줄임으로써 천문학자의 수명을 두 배로 만들었다는 찬사를 받은 작품이다.

네이피어는 또한 공상과학 소설가이기도 했다. 그는 설계도와 도형 등을 제시하면서 여러 가지 전쟁병기에 대하여 예언을 했는데 '반경 4마

일에 걸쳐서 1피트 이상의 모든 생물체를 완전히 전멸시키는 병기'가 개발되며, '물밑을 다닐 수 있는 배'가 개발되고, '살아있는 입을 가지고 모든 방향을 파괴할 수 있는 병기'가 개발된다고 하였는데 이것들은 각각 제1차 세계대전 때 기관총, 잠수함 그리고 전차 등으로 실현되었다.

네이피어의 뛰어난 상상력과 독창성은 사람들로부터 정신적으로 이상이 있는 사람으로 여겨질 정도였으며, 심지어 어떤 사람은 그를 마법사로 여기기도 했는데 이에 대한 재미있는 일화가 있다.

네이피어의 하인들 중 도둑질을 한 하인이 있었다. 그래서 그는 수탉을 이용하여 도둑을 알아낼 수 있다고 하인들에게 다음과 같이 이야기하였다.

"나의 친구에게서 구해온 이 수탉은 어둠 속에서 거짓말쟁이를 찾아낼 것이다. 만약 거짓말을 한 사람이 수탉의 등을 두드리면 수탉이 달려들어 그의 눈을 쫄 것이다."

이렇게 말하고 그는 하인들을 한 사람씩 깜깜한 방으로 데리고 가서 수탉의 등을 한 번씩 두드리게 하였다. 네이피어는 하인들 몰래 미리 그 수탉의 등을 까맣게 칠해 놓았었는데, 도둑질을 한 하인만이 손이 깨끗하게 돌아와서 그를 찾을 수가 있었다.

이런 일화도 있다.

네이피어는 이웃집 비둘기들이 자기 집 곡식을 먹는 것을 보고 화가 나서, 이웃집 주인에게 비둘기를 날아오지 못하게 하지 않으면 비둘기들을 모두 잡아서 가두어 놓겠다고 했다. 그러나 이웃집 주인은 네이

피어가 비둘기를 잡지 못할 것이라고 여기고 잡을 수 있으면 그렇게 하라고 하였다. 그 다음날 이웃집 주인은 그의 비둘기들을 조용히 줍고 있는 네이피어를 보고 깜짝 놀랐다. 네이피어는 술에 담근 콩을 잔디에 뿌려서 비둘기들을 취하게 하였던 것이다.

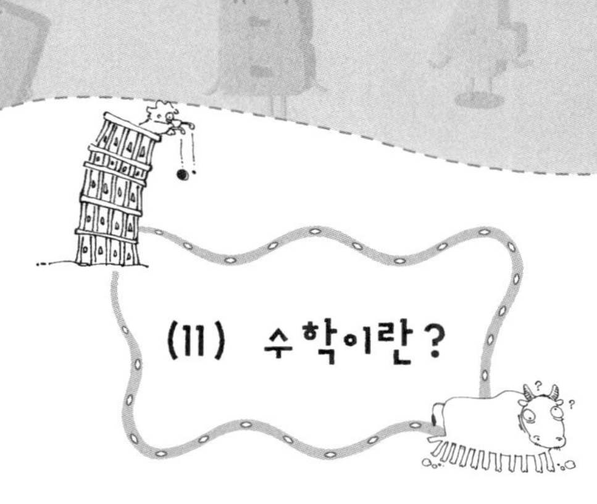

수학이라고 하면 너무 어렵고 짜증나는 것으로만 알고 있는 사람
들이 많다. 이것이 얼마나 잘못된 생각인지 간단하고도 수학적 아이디
어가 풍부한 예로 알아보자.

　정육면체인 두부 한 모를 똑같은 크기 스물일곱 개로 자르고 싶다.
두부를 스물일곱 개의 조각으로 자를 때 가장 적은 회수의 칼질은 몇
번일까?

아마 독자들은 잠깐만 생각한다면 그 답이 여섯 번이라는 것을 쉽게 알 수 있을 것이다. 그렇다면 이 문제에 대한 수학적 질문을 해보자.

"왜 여섯 번이 가장 적은 회수의 칼질인가?"

이에 대한 대답은 다음과 같이 아주 간단하다.

같은 모양, 같은 크기를 유지하면서 만들 수 있는 것 중에는 정육면체의 모양으로 만들 수 있는 방법이 있다. 이때 두부의 속에 나타나는 작은 정육면체 모양은 여섯 개의 면을 가지고 있으므로 그 여섯 면을 만들어 내려면 정확하게 여섯 번의 칼질이 필요하다.

수학은 이처럼 간단하고 쉬운 것이다. 그러나 우리는 어려서부터 이해와 생각보다는 암기 위주의 주입식 교육을 받아 왔기 때문에 그 동안 외워온 수학을 이용하려 하는 것이다. 이것이 우리가 수학을 어렵게 생각하는 가장 큰 이유이다. 수학을 잘 하려면 암기력보다는 이해력을 키워야 하고, 이해력을 키우는 가장 좋은 방법은 책을 읽는 것이다. 이를테면 인도의 19단 곱셈표를 외우게 하는 것은 수학을 잘할 수 있게 해주기보다는 수학을 짜증나는 과목으로 만드는 지름길임을 알아야 한다.

그래도 지구는 돈다

과학의 문제에서 천 사람의 권위는 단 한 사람의 추론만 못하다.

이 말은 현대 역학의 창시자인 갈릴레이(Galileo Galilei)가 한 말이다. 수학이 현실 세계와 접촉하고 있는 동안 수학은 강력한 상태로 남아 있다. 그러나 수학이 자신이 탄생한 견고한 현실적인 기반에서 멀어져 순수한 추상만을 추구하면 수학은 약화된다. 이따금 새로운 힘을 충전하기 위하여 수학은 현실세계로 반드시 돌아와야만 한다. 이와 같은 수학과 현실세계의 만남은 17세기에 두 명의 저명한 수학자이자 과학자인 갈릴레이와 케플러에 의하여 이루어진 발견 이후에 나타났다. 새로운 형태의 수학이 탄생한 것이다. 옛날의 수학과 새로운 수학을 비교하면 옛 수학은 정적이고 새 수학은 역동적이며, 옛 수학은 스틸사진(정지사진)이고 새 수학은 활동사진(동영상) 단계로 비교할 수 있다.

갈릴레이는 1564년 피사(Pisa)에서 가난한 귀족의 아들로 태어났다.

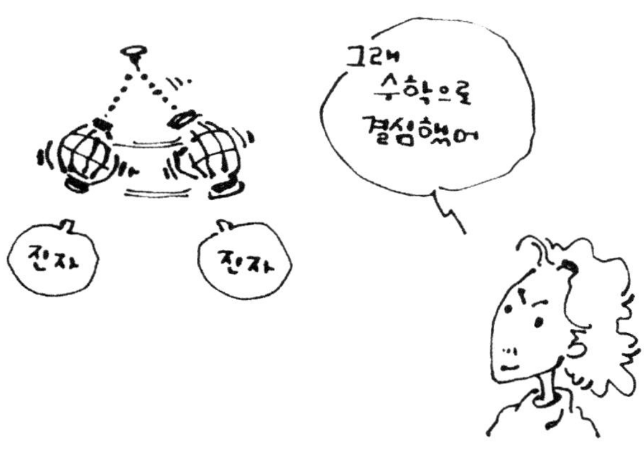

처음에는 의학을 공부하였으나 나중에는 과학과 수학을 공부했다. 그가 과학과 수학으로 관심을 돌리게 된 계기는 '진자 운동'이었다. 그는 17세 때 의학을 공부하기 위하여 피사 대학에 입학했는데, 어느 날 피사의 성당에서 예배를 보던 중 우연히 높은 천장에 매달린 청동램프를 관찰하게 되었다. 그 램프는 불을 붙이려고 옆으로 끌어 당겨져 있었는데, 램프에 불을 붙이고 놓았을 때 점차로 진폭이 작아지며 앞뒤로 진동하였다. 그는 자신의 맥박 수를 이용하여 시간을 재었는데 진동주기가 진폭의 크기와 무관함을 알아내고 크게 놀랐다. 그 후에 실험을 통하여 흔들리는 진자의 주기는 진자의 추의 무게와는 무관하고 진자의 길이에만 관계가 있다는 사실을 밝혔다. 바로 이 문제가 계기가 되어 갈릴레이는 과학과 수학에 관심을 가지게 되었다.

일반적으로 사람들은 갈릴레이를 물리학자 또는 천문학자라고 알고 있지만 그는 사실 25세에 이미 피사 대학의 수학교수가 되어 있었다. 옛날의 훌륭한 사람들은 여러 방면에 재능을 가지고 있었는데 갈릴레이도 예외는 아니어서 그가 비록 수학 교수이기는 했지만 수학적인 업적보다는 천문학과 물리학에 관한 업적이 더 많았다. 그는 1571년에

피사 대학의 교수직을 사임하고 이듬해 파두아(Padua) 대학교의 수학 교수로 임명되었다. 그는 이곳에서 거의 18년 동안 여러 가지 실험을 하며 명성을 쌓아갔다.

그는 파두아 대학에 재직하던 중 30배율 이상의 망원경을 만들어 이전까지 태양에는 아무런 결점이 없다는 아리스토텔레스의 가르침에 위배되는 태양의 흑점을 관찰했으며, 달에 있는 산, 금성의 위성, 토성의 고리, 목성의 네 개의 위성 등을 관찰했다. 그리고 그의 중요한 업적 가운데 마지막에 발견한 세 가지는 태양계에 대한 코페르니쿠스(Copernicus, 1473~1543)의 이론을 확립시켜주는 결정적인 증거가 되었다.

그러나 그의 이런 발견들은 교회의 반발을 샀고, 1633년 마침내 그는 종교재판에 회부되어 결국 그의 발견들을 철회하고 만다. 갈릴레이는 이 재판에서 자신의 발견들을 철회하고 나오면서

그래도 지구는 돌고 있다.

는 유명한 말을 남겼다고 한다. 하지만 갈릴레이가 실제로 이런 말을 했다는 증거는 없고, 단지 후세 사람들이 갈릴레이를 더욱 멋지게 소개하기 위하여 지어낸 말이다.

갈릴레이는 이 재판으로 가택연금 상태에 들어가게 되고, 그 뒤 얼마 지나지 않아서 눈이 멀게 되었으며, 1642년 연금 상태에서 자신의 집에서 쓸쓸히 죽었다. 갈릴레이는 지구가 태양의 둘레를 돌고 있다고 주장하였고, 지구가 우주의 중심이 아니라는 사실을 발표한 혐의로 교회로부터 이단이라는 유죄판결을 받은 채로 생을 마감했던 것이다. 그리고 바로 그 해에 과학에 새로운 생명을 불어넣은 뉴턴이 태어났다.

코페르니쿠스의 지동설을 뒷받침하는 갈릴레이의 책은 200년 동안이나 금서목록에 올라 있었다. 그러나 갈릴레이가 교회로부터 유죄판결을 받은 지 347년이 지난 1980년에 로마 교황청은 교황 요한 바오로 2세의 소집으로 갈릴레이가 이단이라는 유죄판결을 취소하였다. 생애 내내 독실한 가톨릭 신자였던 그는 과학자로서 관찰과 추론에 의하여 어쩔 수 없이 얻게 된 그의 견해가 교회로부터 성경에 위배되어 유죄판결을 받게 되어 상당히 괴로워하였다고 한다.

갈릴레이는 이탈리아어로 두 개의 유명한 연구서를 저술했다. 그 하나는 천문학에 관한 것이고, 다른 하나는 물리학에 관한 것이다. 《두 가지 주요한 체계(The Two Chief Systems)》는 우주에 대한 프톨레마이오스와 코페르니쿠스 견해의 상대적인 장점을 서술한 천문학에 관한 것으로 1632년에 썼고 갈릴레이가 재판을 받고 구금을 당하게 된 바로 그것이다. 1638년 레이덴(Leyden)에서 출판된 두 번째 책 《두 가지 새로운 과학》는 역학과 물체의 강도에 관한 연구서로 강제연금 상태에서 쓴 것이다. 이 두 가지 책은 지식이 넓은 학자인 살비아티(Salviati), 지성적인 아마추어 사그레도(Sa-gredo), 전통적인 아리스토텔레스주의자인 심플리키오(Simplicio) 등 세 사람이 대화를 나누는 형식으로 쓰였다. 또한 이 저작에서는 무한대와 무한소의 확실한 인식을 찾아 볼 수 있다. 그런데 이것들은 19세기에 칸토어의 집합론과 초한수의 기본이 되는 무한집합과 동치인 개념들이다.

이제 그의 책 《두 가지 새로운 과학》에 실린 문제를 하나 소개하겠다.

다음 그림과 같이 중심을 O로 하는 두 개의 바퀴를 생각하자. 중심이 같은 원을 동심원이라고 하는데, 이 동심원의 바퀴를 평면상에서 1회전시키면 O, A, B가 각각 O', C, D의 위치로 굴러간다. 여기서 작은 바퀴와 큰 바퀴는 모두 정확하게 1회전했다. 아래 그림에서 $\overline{AC}$의 길이는 작은 바퀴의 둘레의 길이고, $\overline{BD}$의 길이는 큰 바퀴의 둘레의 길

이다. 그림에서 보는 것과 같이 $AC = BD$이므로 큰 바퀴와 작은 바퀴의 둘레의 길이는 같아 보인다. 그렇다면 바퀴는 반지름의 길이에 관계없이 항상 같은 거리를 움직일까? 과연 어디가 잘못된 것일까?

직관적으로 생각하면, 큰 바퀴 위의 점은 항상 선분 $\overline{BC}$ 위에 나타날 것이고, 작은 바퀴 위의 점은 $\overline{AC}$ 위에 나타날 것이다. 따라서 큰 바퀴와 작은 바퀴의 둘레는 바퀴의 반지름에 관계없이 같다는 이상한 결론이 나온다. 그러나 이 문제는 다음 그림과 같이 정사각형을 회전시켜보면 알 수 있다.

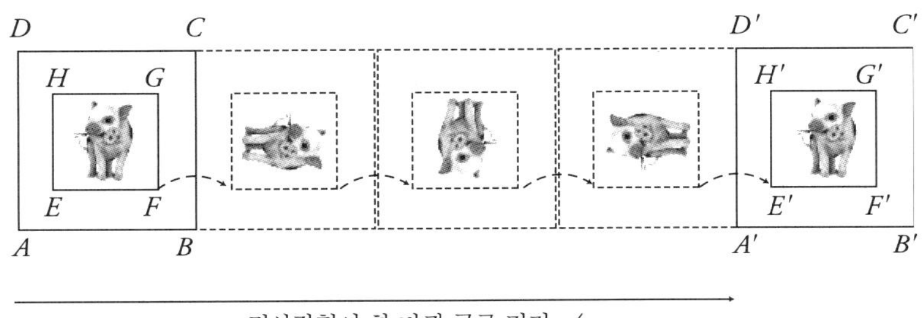

정사각형이 한 바퀴 구른 거리=4

큰 정사각형 $ABCD$의 한 변의 길이를 1, 정사각형 $ABCD$ 내부에 있는 작은 정사각형 $EFGH$의 한 변의 길이를 $\frac{1}{2}$이라고 하고 두 정사각형을 동시에 한 바퀴 굴리자. 위의 그림과 같이 정사각형 $ABCD$가 한 바퀴 구르면 정사각형 $A'B'C'D'$가 된다. 이때 정사각형 $ABCD$가 굴러간 거리는 두 점 A와 A' 사이의 거리와 같고, AA'의 길이는 큰 정사각형의 둘레의 길이이므로 $1 \times 4 = 4$이다. 또 정사각형 $ABCD$가 한 바퀴 구르는 동안 정사각형 $EFGH$도 한 바퀴 굴렀다. 정사각형 $EFGH$의 한 변의 길이는 $\frac{1}{2}$이므로 이 작은 정사각형이 한 바퀴 구른 거리는 $\frac{1}{2} \times 4 = 2$가 되어야 한다.

그런데 작은 정사각형이 처음 있던 자리의 점 E와 한 바퀴 구른 후의 자리인 점 E' 사이의 거리, 즉 $\overline{EE'}$의 길이는 $\overline{AA'}$와 같은 4이다. 그렇다면 2는 어디서 생긴 것일까? 그림을 잘 보면 큰 정사각형의 변은 언제나 직선 AA'에 밀착되어 있으나, 작은 정사각형의 변은 군데군데서 점프하고 있다. 즉, 정사각형 $EFGH$가 굴러 정사각형 $E'F'G'H'$로 옮겨가는 동안 4개의 화살표로 표시한 '점프하는 부분'이 생기게 된다. 이 점프하는 구간의 길이의 합이 바로 2인 것이다.

이와 같은 방법으로 정오각형을 한 바퀴 굴리면 5개의 점프하는 구간이 생기고, 정육각형을 한 바퀴 굴리면 6개의 점프하는 구간이 생긴다. 즉 일반적으로 정n각형을 한 바퀴 굴리면 모두 n개의 점프하는 구간이 생기게 된다.

이제 변의 수를 무한히 많이 늘려 다각형을 원에 가깝게 만들면 작은 바퀴가 지나간 선분 속에는 이 다각형의 무한개의 변과 무한개의 '점프하는 부분'이 들어 있다. 따라서 작은 바퀴의 둘레와 큰 바퀴의 둘레는 이 무한히 많은 '점프하는 부분'을 합해놓은 만큼 차이가 나는 것이다. 다시 말해서 큰 바퀴가 굴러가는 동안 작은 바퀴는 눈에 띄지 않게 점프하면서 굴러간 것이다.

이것은 이미 아리스토텔레스가 설명한 적이 있기 때문에 '아리스토텔레스의 바퀴(Aristotle's wheel)'라고도 부른다. 여러분이 자동차나 자전거 또는 인라인 스케이트와 같이 바퀴가 달린 것을 탈 때, 사실 그 바퀴는 겉면만 바닥에 붙어서 돌고 나머지 부분은 무한히 점프하고 있으니 얼마나 힘들까?

우주의 조화

루터 교회의 성직자가 되길 원하였던 케플러(Kepler)는 1571년에 독일 슈투트가르트(Stuttgart)에서 태어났다. 그는 갈릴레이와 마찬가지로 과학에 재능이 있다고 느끼고 천문학을 공부하기 시작했다. 그는 20대 초반에 오스트리아의 그레츠(Gratz) 대학교에서 천문학 강사를 시작했으며, 5년 뒤에는 덴마크의 유명한 천문학자인 브라헤(Brahe)의 조수가 되었다. 그의 스승인 브라헤는 1600년에 루돌프 2세(Ridolph II)의 궁정 천문가로 근무하기 위하여 프라하(Prague)로 이주하였다. 그러나 1601년 그의 스승이 갑자기 죽자 케플러는 스승의 자리와 스승이 가지고 있던 방대하고 매우 자세한 행성의 운동에 대한 천문학 자료를 동시에 물려받았다.

그는 지칠 줄 모르는 열정의 소유자였는데, 무려 22년 동안의 노력으로 방대한 계산을 반복 수행하여 결국 행성에 대한 세 가지 운동법칙을 발견하였다. 이는 실로 에디슨(Thomas Edison)이 말한 99%의 노력과 1%의 영감의 결과인 것이다. 이 행성운동의 법칙은 수학과 천문

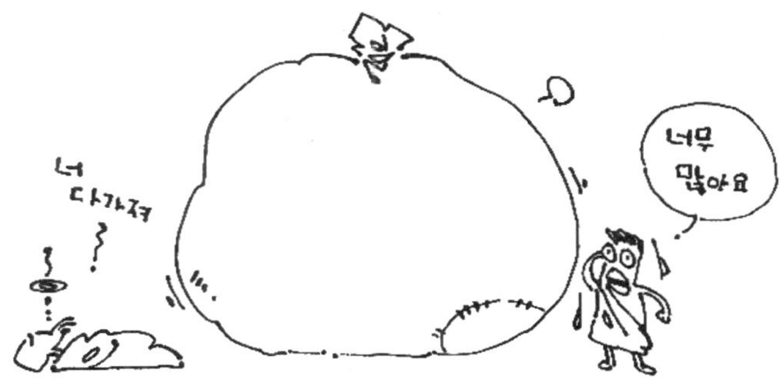

학의 역사에 획기적인 사건으로 기록되고 있다. 왜냐하면 뉴턴이 그것을 증명하려고 노력하는 과정에서 현대적인 천체 역학을 창조하였기 때문이다. 그리스인들이 원뿔곡선의 성질을 발견한 지 1800년 뒤에, 원뿔 곡선들의 실용적인 응용이 나타났다는 것은 매우 흥미롭다. 사실 순수수학의 어떤 분야가 언제 예상치 못한 주위 문제를 해결하는데 사용될 수 있는지는 아무도 모르는 것이다.

이제, 행성운동에 관한 그의 세 가지 법칙을 소개하겠다.

1. 행성은 한 초점으로 하는 타원궤도를 따라 태양의 둘레를 돌고 있다.

2. 행성과 태양을 잇는 동경은 같은 시간 동안 같은 넓이를 갖는다.

3. 행성이 자신의 궤도를 한 바퀴 도는데 걸리는 시간의 제곱은 궤도의 긴 반지름의 길이의 세제곱에 비려 한다.

처음 두 개의 법칙은 1609년에 발견하였고, 세 번째 법칙은 1619년에 발견하였다. 케플러는 이 법칙들을 브라헤의 기록으로부터 경험적으로 발견하였는데, 이것은 지금까지 만들어진 가장 뛰어난 귀납법 중의 하나이다. 여기서 흥미 있는 일은 그 당시 유명했던 갈릴레이는 케플러를 어느 정도 시샘했던 것으로 추측된다. 왜냐하면 케플러가 1619년까지 행성의 운동에 관한 세 가지 법칙을 발표했지만, 갈릴레이는 이것들을 완전히 무시했기 때문이다.

케플러는 갈릴레이와 함께 미적분학의 선구자 중 한 사람이다. 적분학은 그 시초가 아르키메데스로 거슬러 올라가는데, 아르키메데스는 곡선으로 이루어진 평면도형의 넓이, 곡면의 넓이와 부피를 자신의 뜻대로 제한된 수단을 사용하여 구함으로써 적분학을 탄생시켰다. 행성 운동의 두 번째 법칙에서는 넓이를 계산하기 위하여 초기 형태의 적분에 의존했다. 그는 또한 1615년에 발표한 '포도주 통의 용적 측정'에서 한 축의 둘레로 원추곡선의 호를 회전시켜 얻은 93개의 입체의 부피를 구하는데도 투박한 형태의 적분을 이용했다. 이 문제는 당시 포도주 검량관들이 사용하던 어설픈 방법을 목격하면서 케플러가 흥미를 가지게 되었던 것이다.

또한 케플러는 다면체 연구 분야에도 뛰어난 공헌을 했다. 윗면을 그 평면에서 회전시켜 밑면의 변들과 꼭짓점들을 대응시키고 두 면의 꼭짓점들을 지그재그로 연결하여 얻은 분광기인 '반분광기(antiprism)'을 최초로 인지하였으며, 직각팔면체(cuboctahedron), 마름모 12면체(rhombic dodecahedron), 마름모(triakontahedron) 등을 발견하였다. 이 중에서 마름모 12면체는 석류석의 결정처럼 자연에서 볼 수 있다. 그는 임의의 평면을 정다각형으로 덮는 문제에 대한 연구를 했으며, 원뿔곡선 기하학에서 '초점(focus)'이라는 용어를 처음 도입했다.

케플러가 1617년에 쓴 《우주의 조화(Harmony of the Worlds)》라는 책의 서문에 다음과 같은 유명한 글이 나온다.

　　나는 나와 동시대의 사람들 또는 후대의 사람들을 위하여 이 책을 쓰고 있다. 나는 이 책을 읽어줄 독자들을 100년 동안 기다려야 할지도 모른다. 그러나 신은 한 명의 관찰자를 6,000년 동안이나 기다리지 않았는가?

　　당시에 별로 관심을 끌지 못한 《우주의 조화》는 거의 400년이 지난 지금까지도 읽어줄 독자를 기다리그 있는 중이다.

　　케플러는 확실한 피타고라스주의자였기 때문에 그의 연구 결과는 자주 환상적인 신비주의와 신중한 과학과 혼합되었다. 케플러는 아주 불행한 삶을 살았던 사람이었다. 그는 네 살 때 수두에 걸려 왼쪽 눈의 시력이 크게 손상되었고, 평생을 허약한 체질 때문에 힘들게 지냈다. 그의 결혼은 계속적인 불행의 씨앗이었다. 결혼하여 아이를 낳았으나 수두로 사망하였고 그의 아내는 디쳐서 죽었다. 또, 가톨릭교도들에 의하여 그레츠 대학의 강사자리를 빼앗겼고, 그의 어머니는 마녀 재판에 회부되어 간신히 구출되었으며 그 자신도 이단으로 몰릴 뻔하였다. 그 후에 케플러는 두 번째 결혼을 하게 되는데, 첫 번째 결혼의 실패에 쓴 경험이 있던 그는 열한 명의 신부후보 중에서 장단점을 고려하여

신중하게 상대자를 골랐지만 결과적으로는 첫 번째 결혼보다 더 비극적인 결혼이 되고 말았다. 월급은 언제나 체불되었으며, 수입을 늘리기 위하여 별점을 쳐주기도 하였다. 실제로 케플러는 뛰어난 점성가이기도 했다. 어느 해 그는 추운 겨울이 닥칠 것과 소작인의 봉기 및 터키의 침략이 있을 것이라는 것을 정확하게 예언했다. 그러나 그는 과학자였다. 점성술과 같은 미신적인 예언에 대하여 그는 이렇게 말했다.

만약 점성가가 종종 진실을 말한다면, 그것은 행운에 불과하다.

1630년 그는 밀린 월급을 받기 위하여 여행하던 중 얻은 열병으로 위대한 과학자의 불행한 생을 마감하였다. 이때 그의 나이 59세였다.

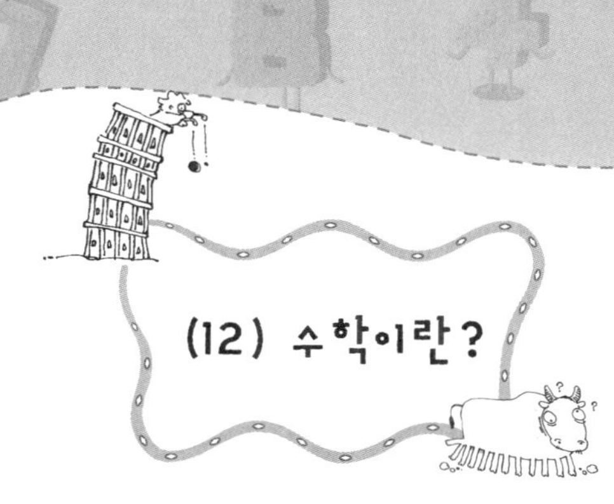

의사, 변호사 그리고 수학자가 아내와 애인 중에서 어떤 쪽이 더 좋은가에 대하여 열심히 토론하다가 각각 결론을 내렸다.

먼저, 변호사는

"애인이 아내보다 훨씬 좋습니다. 만약 아내가 있고 그 아내와 이혼하기를 원한다면, 이것은 아주 복잡한 법적인 문제를 일으키게 됩니다. 그러나 애인은 그렇지 않습니다. 따라서 애인이 더 좋습니다."

라고 말했다. 그러자 의사가 말했다.

"아닙니다. 아내가 있는 쪽이 더 좋습니다. 왜냐하면 아내는 당신이 받는 스트레스를 적절히 해소시켜 당신의 건강을 지켜주기 때문입니다."

라고 말하였다. 그리고 가만히 듣고 있던 수학자가 말하였다.

"당신들 모두 틀렸습니다. 아내와 애인 둘 모두를 가지고 있는 것이 좋습니다. 그러면 아내와 같이 있을 때는 애인이 생각나고, 애인과 같이 있을 때는 아내가 생각나게 될 것입니다."

수학자는 언제나
모든 것을 고려합니다

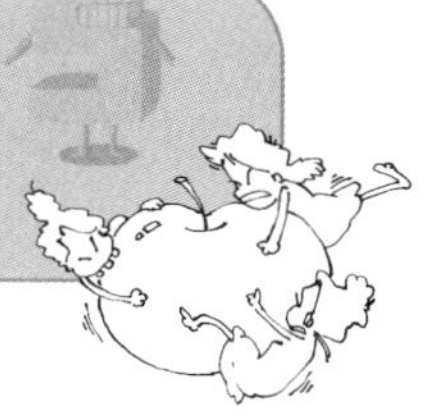

철학에는 무수히 많은 학파가 있다. 그러나 수학은 철학과 같은 종류의 학파는 없지만, 추론이라는 확실한 출발점을 가지고 있다. 철학에서도 같은 출발점을 얻고자 했던 데카르트(Descartes)는 모든 것을 의심하더라도 자신이 생각한다는 사실만은 의심할 수 없다는 결론으로

나는 생각한다. 고로 나는 존재한다.

라는 유명한 인식론의 기초를 마련했는데, 우리는 이것이 수학적 사고 및 수학적 추론과 깊은 관련이 있음을 알 수 있다.

데카르트는 1596년 투랑(Tours)의 라에이(La Haye)에서 귀족으로 태어났다. 그는 여덟 살 때 라 플라쉬에 있는 예수회 학교를 다녔다. 이곳에서 그는 아침 늦게까지 잠을 자는 버릇이 있었는데, 몸이 허약하여 건강상 늦게까지 잠을 잤던 것이 습관처럼 된 것이다. 후에 데카르트는 아침 휴식 중의 명상시간을 가장 생산적인 시간으로 여겼다.

1612년에 학교를 떠난 지 얼마 되지 않아서 파리로 갔는데, 데카르트는 그곳에서 메르센(Mersenne, 1588~1648)과 미도르주(Mydorge, 1584~1647)와 함께 수학연구에 시간을 보냈다.

데카르트는 1617년 오렌지 공(公) 모리스 왕자의 군대에 입대하여 30년 전쟁의 보헤미아(Bohemia) 원정(베를린 산맥 전투)과 헝가리 정벌에 참가했다. 군 생활을 마치자마자 4, 5년간 독일, 덴마크, 네덜란드, 스위스, 이탈리아 등을 여행했다. 그 후에 파리에 1, 2년 동안 살며 수학과 철학적 명상을 계속하였으며, 한동안 광학기구를 제작하기도 하다가 당시 국력이 최고조에 달한 네덜란드로 이주하여 그곳에서 학문적 전성기를 보냈다.

그는 20년간을 네덜란드에서 살았으며, 1649년에는 스웨덴 여왕 크리스티나의 초청으로 마지못해 스톡홀름을 방문했다가 폐렴에 걸려 1650년 2월 11일 그곳에서 죽었다. 장례식을 스웨덴에서 치른 후 프랑스로 옮기려 했으나 실패하고 그가 죽은 지 17년 후에야 프랑스에 있는 팡테옹(Panthéon) 신전에 그의 오른손 뼈를 제외한 유골이 안장되었다. 그는 그의 오른쪽 손목뼈와 영원히 헤어져 묻히는 신세가 되었는데, 오른손 손목뼈는 당시 뼈 운반을 주선한 프랑스의 왕실 재정담당 장관이 기념으로 보관했기 때문이다.

데카르트는 네덜란드에 있던 처음 4년간은 《세계 또는 빛에 관한 고찰》이라는 책을 저술하는 일에 매달렸다. 데카르트는 이 책에서 갈릴레오와 코페르니쿠스의 우주론에 의거하여 빛의 현상으로부터 행성의 생성을 거쳐 인간에 이르는 우주의 생동적인 모습을 제시했다. 그는 1633년에 이 책을 출판하려 하였으나, 갈릴레이의 교회재판 소식을 듣고 자신에게도 닥칠 위험을 피하기 위해 책의 출판을 단념하였다. 결국 이 책은 그가 죽은 후 14년이 지나서야 출판되었다.

그의 가장 큰 업적 중 하나는 아마도 1637년에 출판된 《철학 논문집 (Essays Philosopiques)》일 것이다. 이 책에서 가장 중요한 부분이며 주제에 해당하는 것이 바로 그 유명한 《방법서설》이라고 불리는 '이성을 올바르게 인도하고 과학에서 진리를 탐구하는 방법에 관한 서설'이다. 이 방법서설은 세 개의 부록을 가지고 있는데 각각 '광학', '기상학', '기하학'이라는 제목으로 되어 있다. 이들 가운데에서 데카르트가 해석기하학에 기여한 것이 바로 세 번째 '기하학'이다.

방법서설의 세 번째 부록인 '기하학'은 약 100쪽에 달하는 분량이며 그 자체가 다시 세 권으로 나누어져 있다. 제1권은 대수적 기하학에 관한 약간의 이론과 그리스 시대의 발전상을 다루고 있다. 제2권에서는 현재 쓰이지 않는 곡선의 분류와 곡선의 접선을 작도하는 흥미로운 방법 등을 소개하고 있으며, 제3권은 2차 이상의 방정식의 해법에 관한 것이다. 사실 '기하학'의 가장 중심이 되는 주제는

대수적 기법을 통하여 도형을 사용해온 기하학을 해방시킨다.

라는 것이었다.

'기하학'은 어떤 의미에서 해석적 방법의 체계적인 발전은 아니므로 이 책을 읽는 독자 스스로 어떤 설명을 붙여 그 방법을 완전하게 만들어야 한다. 이 책에는 32가지의 그림이 있지만 명백히 밝혀진 좌표축은 어느 곳에서도 찾아볼 수 없다. 이 책은 의도적으로 모호하게 써져서 읽기가 어려운 것이 사실이다. 1649년 드 본느(F. de Beaune)가 쉽게 설명한 라틴어 번역판이 나오고, 슈텐(Schooten)이 각주를 달아 발행하자 이것과 함께 개정된 1659~1661년 판이 널리 읽히게 되었다. 그로부터 100여 년이 지난 후에야 이것은 오늘날 교재에서 볼 수 있는 형태로 되었고, 좌표(coordinates), 가로축(abscissa), 세로축(ordinate)란 말은 1692년 라이프니츠의 업적으로 오늘날 해석기하학에서 사용하는 용어가 되었다.

데카르트가 해석기하학을 만들게 된 동기를 설명하는 여러 가지 이야기가 있는데, 이 가운데에서 해석기하학을 가장 잘 설명하고 있는 이야기가 있다.

어느 날 데카르트가 침대에 누워 있을 때, 그의 방 천장 구석을 기어다니는 파리 한 마리를 보았다. 무심코 그 파리를 보다가 천장에서 파리가 움직이는 경로를 서로 접하고 있는 두 벽으로부터 그 파리까지의 거리를 연결시키는 관계로 묘사할 수 있다는 생각으로부터 해석기하

학에 대한 영감이 떠올랐다는 것이다.

다른 이야기 하나는 그의 꿈에 대한 이야기로 데카르트가 말한 것이다.

성 마틴(Martin) 축제일 전날이었던 1616년 11월 10일, 다뉴브(Danube) 강둑에 주둔한 군대의 막사에서 야영하고 있는 동안 데카르트는 그의 인생을 완전히 변화시키는 계기가 되는 중요한 꿈을 꾸었다. 그 꿈은 기이하고 생생하며 조리 있는 몇 편의 꿈이었다. 그의 말에 의하면, 그 꿈들이 인생의 목표를 명확하게 해주고, '경이로운 과학'과 '놀라운 발견'을 밝히는데 그의 모든 노력을 다하기로 결심하게 해주었다고 한다. 데카르트는 무엇이 경이로운 과학이며 놀라운 발견인지를 명백하게 밝히지는 않았다. 그러나 사람들은 그것이 해석기하학 또는 대수학을 기하학에 응용한 것 그리고 모든 과학적 방법을 기하학에 적용한 것이라고 믿고 있다. 데카르트는 꿈을 꾼 지 18년 뒤인 1637년에 비로소 그의 착상의 일부를 《방법서설》에 상술했다. 그리고 그것은 오늘날 수학발전의 밑거름이 되었다.

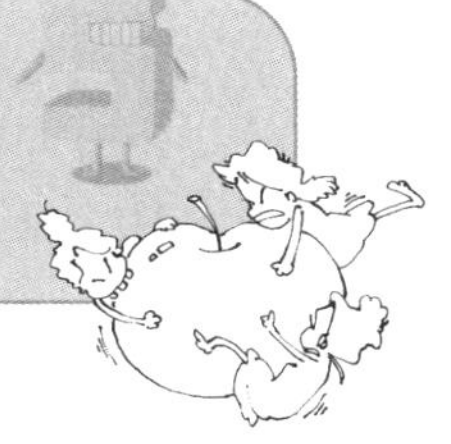

마지막 정리

데카르트가 살았던 시대에 수학에서 데카르트의 적수가 될 만한 사람을 꼽으라면 아마도 피에르 드 페르마(Pierre de Fermat)를 들 수 있을 것이다. 그러나 사실 페르마는 전문적인 수학자는 아니었다. 페르마의 출생에 관한 정확한 기록은 없지만, 1601년 8월 17일에 툴루즈 (Toulouse) 근교의 로망에서 태어났다는 이야기가 가장 신빙성 있으며, 1665년 1월 12일에 카스트레(Castres) 또는 툴루즈에서 죽은 것으로 알려져 있다. 툴루즈의 아우구스티누스(Augustus) 교회에 있던 그의 비석은 나중에 지방 박물관으로 옮겨졌는데, 그 비석에 의하면 죽은 날짜는 앞에서 이야기한 것과 같고 나이는 57세였다.

가죽상인의 아들이었던 페르마는 초기 교육을 가정에서 받았고, 30세 때에 툴루즈에서 법학을 공부하여 변호사를 하다가 지방의회의 의원직을 맡아 성실하게 일했다. 그는 수학이나 과학을 비롯하여 고전 수집을 즐겼으며, 변호사를 은퇴한 뒤에는 여가 시간을 이용하여 수학을 연구하였다.

비록 그의 연구는 발표된 것이 거의 없었지만 그는 그 시대의 뛰어난 많은 수학자들과 지적 교류를 가졌고, 이것이 동시대인들에게 상당한 영향을 끼쳤다. 그가 편지를 주고받은 대표적인 인물 중 하나는 파스칼(Pascal)이었는데, 후에 파스칼과 페르마는 확률론을 수학으로 끌어들이는 기초를 다지게 된다. 그는 해석기하학의 독자적인 발견자이기도 하고 확률론의 수학적 기초를 다지는데 기여했으며, 미적분학의 기초 발달에도 지대한 공헌을 했다. 이처럼 그는 수학의 다양한 분야에서 많은 중요한 공헌을 하여 수학을 발전시켜온 페르마는 17세기의 가장 위대한 프랑스 수학자라고 불리고 있다.

1654년 파스칼과의 서신 왕래를 통하여 이루어진 '득점문제'의 풀이는 확률론에 대한 확고한 수학적 연구의 시작이었다. '득점문제'는 다음과 같다.

똑같은 기술을 갖고 있는 두 경기자 A와 B가 있다. A가 승리하기 위하여 2득점이 더 필요하고, B가 승리하기 위하여 3득점이 더 필요한 경기에서 판돈을 어떻게 분배해야 하는가?

페르마와 파스칼은 각각 독자적인 방법으로 이 문제를 해결하였다. 페르마는 이 문제에서 네 번을 더 시행하면 경기 결과가 결정되는 것을 알고 A가 승리하는 시도를 a로 B가 승리하는 시도를 b로 표시하여, 두 글자 a와 b를 동시에 네 개 택하는 다음과 같은 16가지의 가능한 순열을 고려했다.

aaaa	*aaab*	*abba*	*bbab*
baaa	*bbaa*	*abab*	*babb*
abaa	*baba*	*aabb*	*abbb*
aaba	*baab*	*bbba*	*bbbb*

여기서 a가 두 번 이상 나타나는 경우는 11번이고 b가 세 번 이상 나타나는 경우가 5번이므로 11 : 5로 분배하면 된다.

페르마의 수학에 대한 공헌은 확률론의 시작에도 있었지만 가장 큰 공헌은 현대 정수론을 만든 것이라 할 수 있다. 페르마는 흔히 수학적 결과를 써 놓고 증명까지 다 된 것이라고 주장하였는데, 사실 증명을 어디에도 적어 놓은 일이 없었던 것 같다. 그 대표적인 것은 너무나도

유명한 '페르마의 마지막 정리(Fermat's last theorem)'이다.

페르마의 마지막 정리를 '페르마의 대정리'라고도 하여 다음 정리를 페르마의 대정리와 비교하여 '페르마의 소정리'라고 한다.

소수 p가 정수 n의 약수가 아니면, $n^{p-1}-1$ 꼴의 수는 p로 나누어떨어진다.

이 정리를 합동식을 써서 나타내면 다음과 같다.

$$n^{p-1} \equiv 1 \,(\mathrm{mod}\,p) \quad \Leftrightarrow \quad n^{p-1}-1 \equiv 0 \,(\mathrm{mod}\,p)$$

예를 들면 이렇다.

$$2^{7-1}-1 = 2^6-1 = 64-1 = 63 = 9 \times 7$$
$$3^{7-1}-1 = 3^6-1 = 729-1 = 728 = 104 \times 7$$
$$4^{7-1}-1 = 4^6-1 = 4096-1 = 4095 = 585 \times 7$$

페르마의 소정리를 이용하여 구한 소수 중 하나는 $2^{3021377}-1$이다. 이 소수는 슈퍼컴퓨터를 사용하여 구하였는데 이 소수의 자리 수는 무

려 $10^{1000000}$자리의 숫자이다. 현재 우리가 사용하는 수의 단위 중 가장 큰 단위가 10^{68}인 무량대수이고, 아르키메데스가 계산한 지구상의 모래알의 수가 10^{51}개이므로 $10^{1000000}$이란 수는 우리의 수 단위로는 읽을 수도 없는 상상이 안 가는 수이다. 그렇다면 이 숫자를 인쇄하려면 과연 몇 장의 종이가 필요할까? 이 책의 한 쪽에 쓸 수 있는 숫자는 약 10^{1250}개이므로 $10^{1000000}$를 쓰기 위해서는 약 800쪽이 필요하다. 즉 숫자 하나가 약 400장 분량의 책이 되는 것이다.

마지막으로 페르마의 대정리를 소개하겠다. 이 정리는 다음과 같다.

n이 정수로서 $n > 2$일 때 $a^n + b^n = c^n$을 만족하는 정수 a, b, c는 존재하지 않는다.

이 정리가 n이 3과 4일 때 성립한다는 것은 스위스의 수학자 오일러가 증명하였고, 그 후 베를린 대학의 쿰머(Kummer, 1810~1893)는 n이 3 이상 100까지의 범위에서 이 정리가 사실임을 증명하였다. 그런데 페르마는 이 정리의 증명을 소개하지 않고 그가 당시 탐독하던 디오판토스의 《산학》이라는 책에 있는 '명제 Ⅱ'권의 '문제 8'의 옆 빈칸에 다음과 같이 썼다.

3제곱을 그보다 작은 두 수의 3제곱의 합으로 나눌 수 없고, 4제곱을 어떤 두 수 각각의 4제곱의 합으로 나눌 수 없으며, 일반적으로 2차를 넘는 제곱은 같은 제곱의 두수로 나눌 수 없다. 나는 이것에 대한 놀라운 증명을 알고 있는데, 여기에 이 증명을 쓰기에는 여백이 너무 좁다.

실제로 그가 이것의 증명을 하였는지는 확인되지 않았고, 이 증명은 약 350년 동안 수학자들을 괴롭혀 왔다. 1908년 독일의 수학자 볼프스켈(Paul Wolfskehl)은 이 정리의 완벽한 증명을 최초로 하는 사람에게 줄 상금 100,000마르크를 괴팅겐의 과학원에 유언으로 기탁했다. 그러다가 1993년 케임브리지 대학 뉴턴 연구소의 수학자 회의에서 영국 출신이며 프린스턴 대학 교수인 와일스(Andrew Wiles)의 3일간의 강의에서 증명되었다고 발표하였다. 그러나 와일스의 증명에는 약간의 오류가 있었다. 전 세계 수학자들의 이목이 집중된 가운데 와일스는 자신의 오류에 대하여 1년 동안의 보완작업 끝에 마침내 1994년 완벽한 증명을 완성하였다.

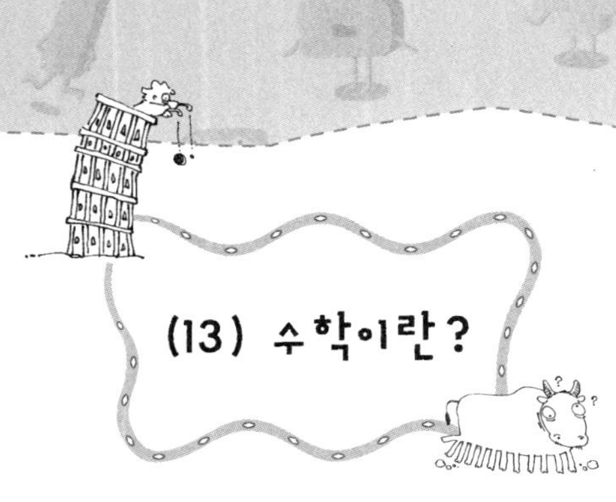

(13) 수학이란?

수학에서 논리를 빼고 생각하기가 어려운 일이다. 논리하면 누구든지 수학만큼이나 어렵다고 고개를 흔들 것이다. 그러나 알고 보면 논리만큼 쉬운 것이 또 없다.

이웃한 두 마을이 있다. 한쪽 마을 사람들은 언제나 진실만을 말하고 다른 마을 사람들은 언제나 거짓을 말한다. 당신이 만약 이곳을 여행하고 있다면 어떤 마을이 진실 마을이고, 어떤 마을이 거짓 마을인가를 단 한 번의 질문으로 알 수 있을까? 물론 답은 '예'이다. 그것은 아무에게나 한쪽 마을을 가리키며 이렇게 질문하면 된다.

"당신은 저 마을에 살고 있습니까?"

그러면 만약 가리킨 마을이 진실 마을이면 대답은 언제나 '예'이고 거짓말 마을이면 그 대답은 언제나 '아니오'이다. 왜냐하면, 만약 진실을 말하는 사람이라면 진실 마을을 가리키며 물었을 때 '예'라고 할 것

이고, 거짓말하는 사람에게 물었다면 그 마을은 진실 마을이고 자기가 그 마을에 살지 않으므로 거짓말로 '예'라고 대답할 것이다. 또 가리킨 마을이 거짓말 마을이었다면, 진실 마을 사람은 '아니오'라고 할 것이고, 그 마을에 사는 거짓말하는 사람은 거짓말을 해야 하므로 '아니오'라고 말할 것이기 때문이다.

수학은 간단한 논리이다

불화의 사과

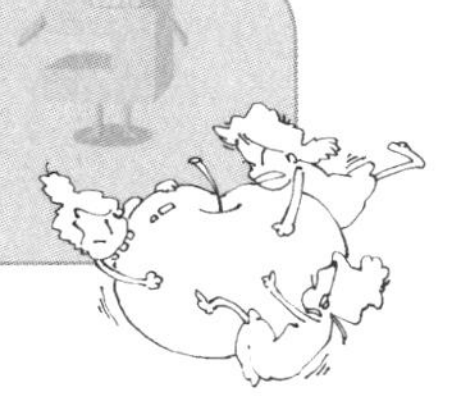

고대부터 지금까지 수학자 가운데 파스칼(Pascal)만큼 종교적 명상을 자주 했던 사람은 없을 것이다. 그는 언제나 신의 계시가 있을 때만 수학을 연구하였다고 했다. 그의 비범한 재능과 날카로운 기하학적 통찰력으로 볼 때 그가 생전에 발표한 것보다 훨씬 더 많은 업적을 남길 수 있었기 때문에 우리는 그를 수학사에서 '가장 위대한 인물이 될 수 있었던 사람'이라 부른다. 그러나 불행하게도 그는 인생 대부분을 심한 신경통에 의한 신체적인 고통과 종교적인 신경증으로 정신적 고뇌에 시달렸다.

파스칼은 프랑스의 오베르뉴(Auvergne) 지방에서 1623년에 태어났다. 그는 세 살 때 어머니를 잃었고, 허약한 체질 때문에 과로하지 않도록 집에만 갇혀 있었다. 그의 아버지는 그에게 언어 이외에는 가르치질 않았는데 오히려 이것이 다른 과목에 대한 호기심을 불러 일으켜 그는 가정교사에게 수학을 가르쳐 줄 것을 간청하게 되었다. 그래서 가정교사는 그에게 기하학을 가르쳐 주었지만 아버지의 반대 때문에

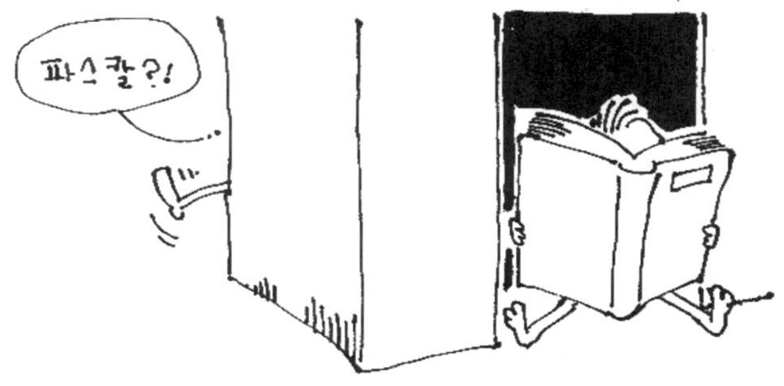

노는 시간을 이용하여 남몰래 수학을 공부하지 않으면 안 되었다.

파스칼은 12세 때 오로지 자신의 힘만으로 초등평면 기하학에 대한 많은 정리들을 발견하였으며, 특히 삼각형의 내각의 합이 2직각이 되는 것을 삼각형으로 오린 종이를 접음으로써 스스로 알아냈다. 이것을 계기로 그의 아버지는 마침내 그에게 유클리드의 《원론》을 구해주었는데, 그는 이 책을 아주 빠른 속도로 독파했다. 14세 때에는 나중에 프랑스 과학원으로 발전하게 되는 수학자들의 비형식적인 모임에 참가하기 시작하였으며, 16세 때에는 사영기하학에서 '신비의 육방성형 정리(mystic hexagram theorem)'를 발견하였다. 이 정리는

만일 한 육각형이 원뿔곡선 안에 내접한다면 세 쌍의 대변의 교점들은 한 직선 위에 있고, 또 그 역도 성립한다.

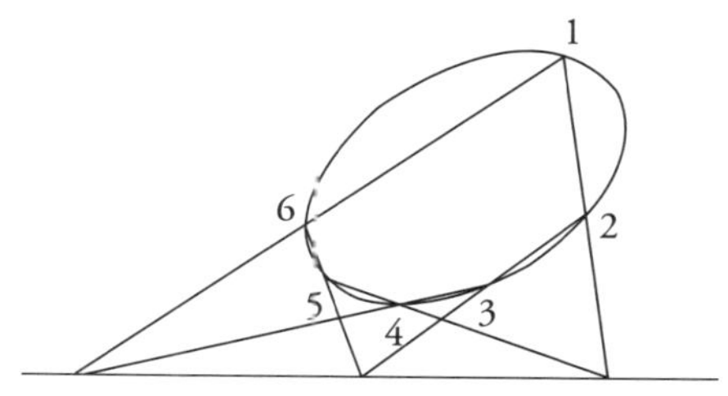

라는 것으로 앞의 그림과 같다.

이것은 그의 논문 〈원뿔곡선에 관한 소고〉에 있는 것으로 당시 그보다 27세 연상이었던 데카르트가 이 논문이 소년의 것이 아니라 그의 아버지 것으로 믿었을 만큼 훌륭한 것이었다. 몇 년 뒤에 파스칼은 정부 회계를 감사하는 그의 아버지를 위하여 최초의 계산기인 '파스칼 계산기'를 제작하기도 하였다.

그러나 평생 종교적인 신경증으로 정신적인 고통 속에서 살던 파스칼은 27세 때에 갑자기 신의 계시라며 수학 연구를 중단하고 종교적인 명상에 들어갔다.

그는 3년 후 다시 수학을 연구하기 시작하여 수압에 관한 법칙을 발견하고,《산술 삼각형론(arithmetical triangle)》을 저술하였으며, 아마추어 수학의 황제인 페르마와의 서신 왕래로 확률론에 대한 수학적 이론의 기초를 다졌다. 1653년에 '파스칼의 삼각형'으로 알려진《수 삼각형론》을 저술하였으나 출판하지는 않았다. 그러다가 1654년 말에 자신의 활동재개가 신의 노여움을 샀다는 암시를 받고 다시 종교적인 명상을 시작했다.

그는 산술삼각형을 다음 그림과 같이 구성했다.

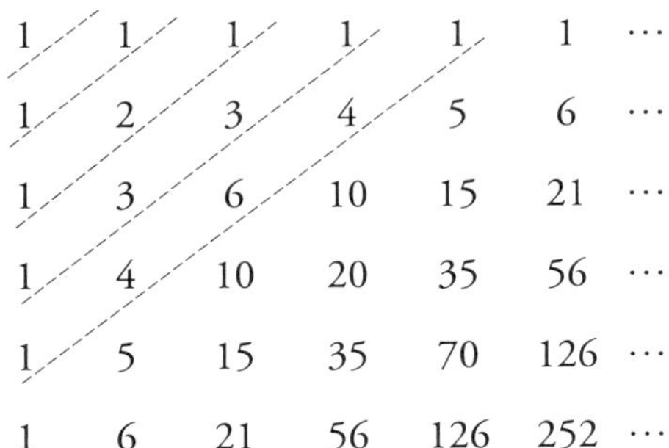

둘째 또는 그 이후의 행에 나타나는 임의의 성분은, 그 성분의 바로 위에 있는 행의 성분들을 그 성분 바로 위에 있는 성분부터 왼쪽 끝까지의 성분들을 더한 값과 같다. 예를 들어 넷째 항에서

$$35 = 15 + 10 + 6 + 3 + 1$$

이 된다. 대수학을 배운 학생들은 그림에서와 같이 대각선을 따라서 놓여있는 수들은 이항전개에서 나타나는 연속적인 계수임을 알게 될 것이다. 예를 들면 네 번째의 대각선을 따라 놓여 있는 수들 1, 3, 3, 1은 $(a+b)^3$의 전개에 나타나는 연속적인 계수이고, 다섯 번째 대각선을 따라서 놓여 있는 수들 1, 4, 6, 4, 1은 $(a+b)^4$의 전개에 나타나는 연속적인 계수들이다. 이항계수들을 찾는 것은 파스칼이 만든 산술 삼각형의 용도 중 하나이다.

산술 삼각형의 또 다른 용도는 확률에 적용하기 위함이다. n개에서 r개를 택하는 방법의 수는

$$\binom{n}{r} = \frac{n!}{r!\,(n-r)!}$$

이다. 여기서

$$n! = n(n-1)(n-2) \cdots 3 \cdot 2 \cdot 1$$

이다. 예를 들어 다섯 번째 대각선을 따라서 놓여 있는 성분은 각각

$$\binom{4}{4}=1,\ \binom{4}{3}=4,\ \binom{4}{2}=6,\ \binom{4}{1}=4,\ \binom{4}{0}=1$$

임을 알 수 있다. 여기서 우리는 편의를 위하여 $0!=1$로 정의한다. 이것을 이용하여 페르마에서 소개했던 '득점문제'를 해결하면

$$\left(\binom{4}{4}+\binom{4}{3}+\binom{4}{2}:\binom{4}{1}+\binom{4}{0}\right)=1+4+6:4+1$$
$$=11:5$$

이다.

그는 1658년 치통으로 고생하던 중에 기하학적인 착상이 떠오르고 그때 마침 치통이 사라지자 신의 계시라고 여기고 8일 동안의 연구로 '사이클로이드(Cycloid) 곡선'에 대한 완벽한 결과를 발표하였다. 이것은 파스칼에게 있어서 마지막 수학적 문제였다.

사이클로이드 곡선은 적당한 반지름을 갖는 원 위에 한 점을 찍고, 그 원을 한 직선 위에서 굴렸을 때 점이 나아가며 그리는 곡선이다. 이 곡선은 수학과 물리학에 있어서 매우 중요한 것으로 초기 미적분학의 개발에 크게 도움을 준 곡선이다. 특히, 갈릴레이는 맨 처음 이 곡선의 중요성을 이야기하면서 다리의 아치를 이 곡선을 이용하여 만들 것을 추천하기도 했다.

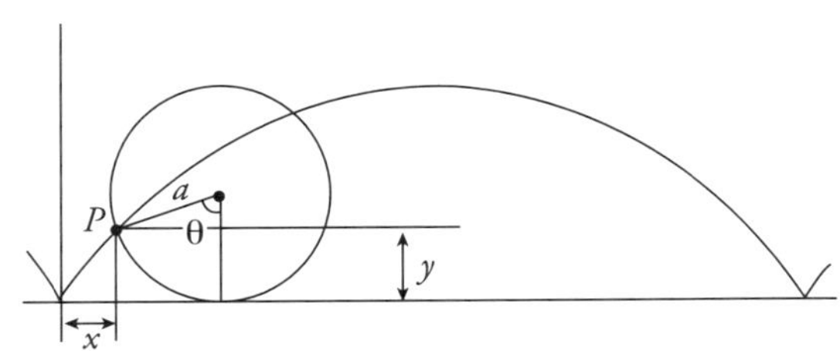

$$x = a(\theta - \sin\theta)$$

$$y = a(1 - \cos\theta)$$

직선과 사이클로이드 모양으로 같은 높이의 미끄럼틀을 만들어 공을 굴릴 경우를 생각해보자. 언뜻 생각하기에는 직선을 따라 굴린 공이 먼저 바닥에 도착할 것 같지만 실제로는 사이클로이드를 따라 굴린 공이 먼저 바닥에 도착한다. 거리는 직선이 짧지만 시간은 사이클로이드가 적게 걸리는데, 사이클로이드는 각 지점에서 중력가속도가 줄어드는 정도가 직선보다 작기 때문에 이 가속도에 의해 속도가 빨라져서 도착지점까지의 시간은 더 작게 걸리는 것이다.

우리 민족도 이미 오래 전부터 이 곡선을 많이 이용해 왔는데, 그 중에서 가장 쉽게 볼 수 있는 것이 기와이다. 우리나라의 기와를 보면 ⌣와 같은 모양으로 되어 있다. 기와가 이런 모양으로 만들어진 이유는 빗물이 기와에 스며들어 목조 건물이 썩는 것을 막기 위해서이다. 즉, 가능한 빗물이 기와에 머무는 시간을 줄여서 빨리 흘러가게 하기 위해서 기와의 모양이 사이클로이드처럼 만들어진 것이다.

사이클로이드는 경사면에서 가장 빠른 속도를 내는 특별한 성질을 가지고 있는데, 동물들도 이 성질을 이용하는 것으로 알려져 있다. 하늘 높이 나는 독수리나 매가 땅 위에 있는 들쥐나 토끼를 잡을 때 직선으로 내려오는 것이 아니라 사이클로이드에 가깝게 목표물을 향해 곡선비행을 한다. 동물들도 알고 있는 사이클로이드는 매력적인 성질을 많이 가지고 있다. 그래서 많은 수학자들은 이것에 대한 연구결과를 발표했고, 그 와중에 어떤 결과들은 서로 자신이 먼저 발견했다고 여러 수학자들이 논쟁을 벌였다. 그래서 사이클로이드는 '불화의 사과

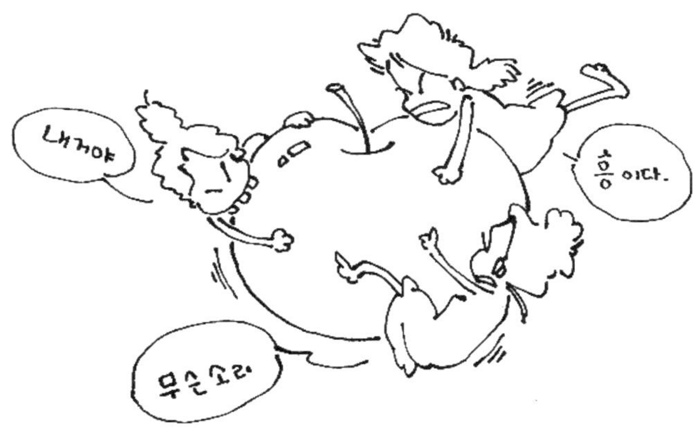

(the apple of discard)'라고 불리기도 하는데, 그리스 신화에 나오는 불화의 사과에 얽힌 이야기는 다음과 같다.

에리스(Eris)는 그리스의 신 중에서 불화의 여신이다. 그녀는 신과 인간을 불화하게 하였다고도 전해진다. 어느 날 에리스는 그리스 신중의 왕 제우스(Zeus)의 아내인 헤라(Hera, 로마 신화의 주노Juno), 사랑과 미의 여신인 아프로디테(Aphrodite, 로마 신화의 비너스Venus), 지혜와 예술의 신인 아테나(Athena, 로마 신화에서는 미네르바Minerva)에게 금으로 된 사과 하나를 보이면서 가장 아름다운 여신에게 바친다고 하였다. 이 일로 세 여신은 싸우게 되었고 신들의 싸움이 결국 인간들 사이의 싸움으로까지 번지게 되었다. 그래서 이 사과를 '불화의 사과'라고 부른다.*

수학 이외의 분야에 대한 파스칼의 저서로 오늘날 초기 프랑스 문학

---

* '불화의 사과'와 관련된 수학에 관심이 있는 독자는 《신화 속 수학 이야기》를 읽어보기 바란다.

의 모델로 읽혀지는 유명한 《팡세》가 있는데, 이 책은 그의 짧은 생애의 끝 무렵에 써졌다. '그리스도의 변증법'을 쓰려고 마음먹고 단편적인 초고를 쓰고 있었으나 병 때문에 완성하지 못하고 39세의 나이로 죽었다. 그의 사후에 근친과 친구들이 초고를 정리하여 1670년에 출판한 책이 바로 《팡세》이다.

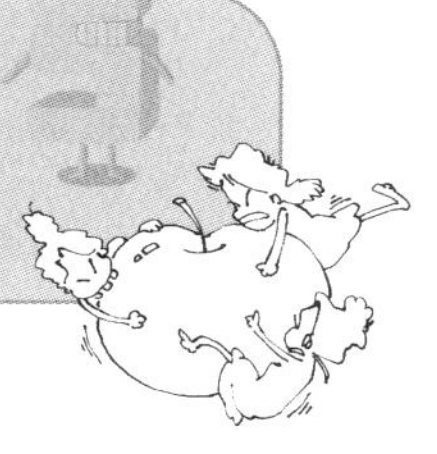

멍청한 뉴턴

뉴턴(Newton)은 갈릴레이가 죽던 1642년 성탄절에 울즈소프라는 작은 마을에서 태어났다. 그의 아버지는 그가 태어나기 2개월 전에 죽었고 어머니가 혼자서 뉴턴을 키웠다. 그가 세 살 때 그의 어머니는 가까운 마을의 교구장이었던 63세의 할아버지인 스미스라는 사람과 결혼하였는데, 스미스는 뉴턴을 받아들이지 않았기 때문에 뉴턴은 어머니와 떨어져 외할머니와 살게 되었다. 그래서 그는 큰 나무 위에 올라가 어머니가 살고 있는 건너 마을의 교회를 바라보곤 했다고 한다. 이

런 일들이 나중에 뉴턴이 어른이 되면서 신경과민과 사람을 기피하며, 우정을 나누는 일이 거의 없는 성즈의 소유자가 되게 하였다.

뉴턴은 케임브리지 대학에 입학하였고, 후에 이 대학에서 그의 스승인 배로(Barrow)의 루카스 석좌(Lucasian Chair of Mathematics) 교수직을 계승했다. 배로는 뉴턴의 출중한 수학적 재능을 인정하고 자신보다 뛰어난 제자에게 루카스 석좌 교수직을 물려주었다고 한다. 사실 배로 자신도 그리스어나 신학 등에서는 뛰어난 학자로 인정받고 있던 터라, 굳이 그 자리를 내놓지 않아도 될 만큼 학문적으로 훌륭한 사람이었다.

우리는 훌륭한 석좌의 강의를 들으려고 구름처럼 몰려드는 학생들을 쉽게 연상할지도 모른다. 그러나 현실은 그렇지 않았다. 그의 강좌는 너무나 적은 수의 학생들만이 출석하고 있었고, 그나마 그의 강의를 이해하는 사람은 거의 없을 정도였다. 때로는 학생이 아무도 오지 않아 혼자 앉아 있기도 했으며, 또 너무 적은 수의 학생이 출석하면 벽을 보고 강의를 하기도 했다.

뉴턴은 비록 강의교수로는 성공하지 못했지만 과학적 성과는 거대한 것이었다. 뉴턴의 일상은 너무나도 평온하였다. 사람들을 거의 만

나지 않았으며 운동도 하지 않고 그나마 잠시 쉴 때는 명상에 빠지곤 했다. 한 번은 뉴턴과 오랫동안 같이 지낸 어떤 동료가 뉴턴이 읽고 있던 유클리드의 낡은 책을 뒤져보면서

"이런 낡은 책이 무슨 가치가 있습니까?"

라고 묻자 뉴턴은 피식하고 비웃었다고 전해지는데, 전해지는 이야기에 의하면 이것이 뉴턴이 웃은 유일한 경우였다고 한다.

뉴턴의 업적은 너무나도 많고 방대하기 때문에 모두 소개하는 것은 불가능하다. 그러나 그의 많은 저작 중 가장 유명한 것을 소개하지 않을 수 없다. 그것은 바로 1687년에 발표된 《프린키피아(principia)》인데, 여기에는 완전한 역학계와 천체 운동 현상의 완전한 수학적 공식화가 처음으로 나타난다. 이 책은 과학사에 가장 많은 영향을 미쳤고, 가장 많은 찬사를 받았다. 아인슈타인(Einstein)의 상대성 이론이 발견되기 전까지 모든 물리학과 천문학은 뉴턴이 만든 책의 좌표계의 가정 위에 세워진 것이다.

프린키피아 이외의 논문을 발표 순서대로 몇 가지 소개하면, 삼차곡선과 구적, 무한급수를 이용하여 곡선의 길이 구하기에 관한 두 부록이 달린 〈광학(Opticks, 1704)〉, 실수를 계수로 갖는 다항식의 복소수근은 반드시 켤레로 나타난다는 사실, 실수를 계수로 갖는 다항식의 근의 상한을 찾는 법칙, 다항식의 근의 n승의 합을 다항식의 계수를 이용하여 나타내는 공식, 실수 계수 다항식의 허수근의 수를 제한하는 데카르트의 부호법칙의 확장 등이 소개된 〈보편산수(Arithmetica Universalis)〉, 〈급수해석학(Analysis per Series)〉, 〈유율론〉, 〈미분법

(Methods Differentialis)〉, 〈광학 강의(Lectiones Opticae)〉, 〈유율과 무한 급수(The Method of Fluxions and Infinite Series)〉 등이 있다.

떨어지는 사과를 보고 모든 사람들은 그 사과를 주워 먹을 생각을 하였지만 뉴턴은 중력의 법칙을 생각했다. 물론 뉴턴이 실제로 사과를 보고 중력의 법칙을 생각하지는 않았겠지만, '뉴턴의 사과'는 과학을 진보시킨 중요한 역할을 했다는 것을 아무도 부인할 수는 없을 것이다. 이제 뉴턴의 세 가지 법칙을 간단하게 알아보자.

먼저, 모든 물체는 외부에서 힘을 가하지 않는 한 주어진 상태를 계속 유지하려는 성질이 있다. 우리는 왜 정지한 물체는 계속 정지하려 하고 움직이는 물체는 계속 움직이려 하는지 알지 못 하지만 물체의 이런 성질을 '뉴턴의 제1법칙' 또는 '관성의 법칙'이라고 한다.

두 번째, 돌멩이를 똑바로 위로 던지면 그 돌멩이는 반드시 일정한 시간이 지난 후에 떨어진다. 만약 지구에 중력이 없다면 이 돌멩이는 어떻게 될까? 아마도 공중에 영원히 떠 있을 것이다. 왜냐하면 위로 똑바로 던진 돌멩이는 시간이 지나면 공기와 마찰하여 움직이는 속도가

자꾸 줄어들 것이고 마침내는 움직이지 않을 것이다. 하늘을 향해 던진 모든 물체가 공중에 모두 떠 있다면 세상은 어떻게 될까? 여기서 우리는 '뉴턴의 제2법칙'인 '중력의 법칙'에 감사를 해야 할 것이다. 물론 이 법칙 때문에 중력이 생긴 것은 아니지만…….

마지막으로, 세 번째 법칙은 '뉴턴의 제3법칙'인 '작용과 반작용의 법칙'이다. 이것은 어떤 물체 A에 작용하는 물체 B를 '작용'이라고 한다면, '반작용'은 물체 B에 작용하는 물체 A이다. 지구는 물체를 끌어당기고 낙하하는 물체도 또한 적당한 힘으로 지구를 끌어당긴다. 뉴턴의 제3법칙의 중요한 개념은 바로 어떤 상황에서든 힘이 단독적으로 작용하지 않는다는 것이다.

사실 하늘을 향해 던진 돌멩이는 지구가 돌멩이를 끌어당기는 힘과 같은 크기로 지구를 끌어당긴다. 그러므로 돌멩이가 지구로 떨어진다는 것은 지구도 돌멩이 쪽으로 떨어지고 있다는 것이다. 단지 지구의 질량이 너무 크기 때문에 그 정도가 보이지 않을 만큼 미미할 뿐이다. 실제로, 1킬로그램짜리 돌멩이가 1미터를 낙하했다면 지구의 질량이

약 6×10^{24}킬로그램이므로 지구는 $\dfrac{1}{6 \times 10^{24}}$ 미터만큼 낙하한다. 이것은 거의 알아볼 수 없이 작다. 즉 무시해도 된다는 것이다.

뉴턴은 놀라운 집중력의 소유자였다. 그는 가끔 하루에 18내지 19시간을 집필하였다고 한다. 그는 물리학뿐만이 아니고 천체역학과 수학에도 상당한 영향을 주었는데, 이런 천재인 뉴턴에 대한 재미있는 일화가 있다.

한 번은 뉴턴이 친구 몇 명을 초대하여 저녁을 대접할 때, 포도주 한 병을 가지러 방에 갔다가 딴 생각에 빠져 자기가 왜 나왔는지를 잊어버리고 자기 방으로 들어가서 옷을 갈아입고 교회로 가버린 일도 있었다.

어느 날은 뉴턴의 친구인 스텍켈리 박사가 닭 요리로 저녁을 먹기로 하여 뉴턴을 방문하였는데, 마침 뉴턴은 외출 중이었고 식탁에는 이미 요리된 닭이 뚜껑 덮인 접시에 차려져 있었다. 오랜 시간을 기다려도 뉴턴이 오지 않자 스텍켈리 박사는 혼자서 닭 요리를 먹고 나서 뼈들은 접시에 담아 뚜껑을 덮어 놓았다. 뉴턴이 나중에 돌아와 친구와 인사하고 식탁에 앉아서 뚜껑을 열었으나 뼈밖에 없는 것을 보고는 이렇게 말했다.

"우리가 이미 저녁을 다 먹었다는 것을 잊었군."

또 다른 일화로, 어느 날 뉴턴이 그랜텀에서 말을 타고 집으로 오다가 마을 건너편에 있는 스피틀리 게이트 언덕을 오르려고 말에서 내렸다. 그런데 언덕을 오르는 동안 말이 미끄러져 언덕 아래로 떨어졌다. 그것도 모른 채 뉴턴은 빈 고삐만 끌고 가다가 언덕 꼭대기에 올라서 다시 말 안장 위로 뛰어 오르려고 했을 때서야 비로소 말이 없다는 사실을 알았다.

이런 일화도 있다. 어느 겨울날 뉴턴은 난로 곁에 앉아서 무엇인가 열심히 연구하고 있었다. 그는 너무 오랫동안 난로 옆에 앉아 있었으므로 뜨겁다는 것을 느끼고 하인을 불렀다.

"난로가 너무 뜨거우니 난로를 멀리 치워놓게."

뉴턴의 말을 들은 하인은 뉴턴의 의자를 조금 뒤로 당겨서 물러나게 했다. 그러자 뉴턴은

"음! 좋은 생각이군."

이라고 말하고, 계속 연구에 몰두했다.

또 잘 알려진 일화로, 뉴턴이 실험을 하면서 계란을 삶아 먹으려고 한 손에는 계란, 한 손에는 시계를 들고 냄비의 뚜껑을 열었다. 얼마 후에 삶아진 계란을 꺼내기 위하여 냄비를 열어보니, 냄비 속에는 계란 대신에 시계가 들어 있었다.

뉴턴은 수학자로서 거의 모든 분야에서 가장 훌륭하다는 평가를 받고 있다. 이런 평가가 잘 말해주듯 라이프니츠(Leibniz)는 다음과 같이 말했다.

"태초부터 뉴턴이 살았던 시대까지의 수학을 놓고 본다면, 그가 이룩한 업적은 절반이 넘는다."

뉴턴이 비록 조산아로 출생하였지만, 천재는 단명한다는 통설을 무시하듯 그는 84세까지 살다가 만성적인 병으로 죽었다. 현재 그의 무덤은 웨스트민스터 사원에 있다.

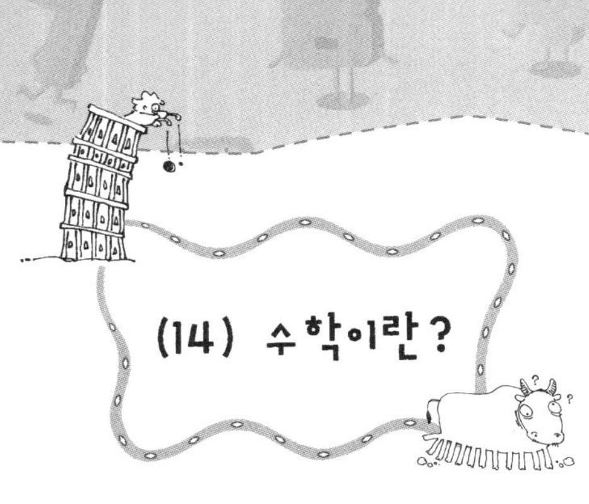

생물학자, 통계학자, 수학자 그리고 컴퓨터 공학자가 아프리카로 여행을 떠났다. 그곳에서 그들은 차를 타고 사바나 공원을 여행하면서 멀리 지평선을 관찰하고 있었다. 그때 생물학자가 외쳤다.

"저기를 보세요. 저기에 얼룩말 무리가 있어요. 그 가운데 흰색 얼룩말이 있어요. 이것은 놀라운 일입니다. 오! 나는 이것으로 유명해질 것입니다."

통계학자도 그것을 보고 한마디 했다.

"특별한 것은 없네요. 단지 얼룩말 한 마리가 있을 뿐이군요."

컴퓨터 공학자도 그 흰색 얼룩말을 보고

"아닙니다. 이것은 아주 특별한 경우이군요. 저것은 예외로 해야 하겠

습니다.”

라고 했다. 마지막으로 수학자가 그 흰색 얼룩말을 보고 이렇게 말했다.

“음, 실제로 흰색의 얼룩말이군요. 우리는 단지 한쪽이 흰 얼룩말이 존재한다는 것을 이제 알게 되었습니다. 그러나 전체가 흰색인지는 반대쪽을 확인해야 알겠군요.”

라고 말하였다.

검소한 장례식

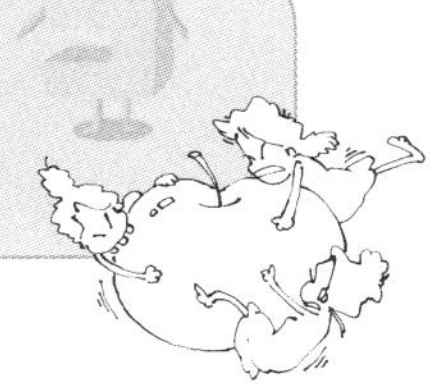

실용적인 미분을 발견한 사람은 뉴턴과 라이프니츠이다. 미분과 적분은 고대 그리스 시대에서부터 계속 연구되어 오던 분야였다. 이미 아르키메데스가 원의 넓이를 구하기 위해 오늘날과 비슷한 적분을 사용하였고, 곡선에 접선을 그리는 문제는 아폴로니우스(Apollonius)의 《원뿔 곡선론》에서도 등장하는 문제이다. 그러나 실용적인 미분을 최초로 발견한 사람은 영국의 뉴턴과 독일의 라이프니츠였다.

1665년 뉴턴은 유율론을 연구하다가 물리 문제에 적용하기 위하여 미분을 생각하게 되었는데, 이 사실은 단지 몇 명의 동료만이 알고 있었다. 몇 년이 지난 후에 영국 왕립협회의 서기인 올덴버그(Oldenburg)를 통하여 라이프니츠에게 보낸 편지에서, 뉴턴은 간단하고 모호하게 자신의 방법을 설명했다. 그리고 이미 자신의 방법을 개발하고 있었던 라이프니츠는 답장에서 자신의 미분을 뉴턴에게 설명했다. 서신왕래는 이것으로 끝이었다. 그 후 라이프니츠의 미분은 유럽대륙의 수학자들에게 전파되었고, 서로 다른 많은 문제에 미분법을 적용하여 큰 성

공을 거두었다. 그러나 1684년까지 라이프니츠는 자신의 발견을 논문으로 발표하지는 않았다. 그 뒤 1687년 뉴턴은 그의 위대한 과학 논문인 《프린키피아》의 주석에 그 이전의 서신왕래에 대하여 언급했다. 이와 같은 이유 때문에 뉴턴과 라이프니츠의 동시대 사람들과 후계자들은 표절에 대한 고소와 맞고소로 서로 미분법에 대한 우선권을 주장하게 되었다.

누가 먼저 미분을 발견하였느냐 하는 문제는 영국과 독일의 정치적 싸움으로까지 번졌다. 이것을 계기로 보수적인 영국인들은 뉴턴이 사용했던 미분 기호를 사용하게 되고, 나머지 유럽의 여러 나라에서는 라이프니츠의 기호를 사용하게 되었다. 그러나 이것이 100년간 영국 수학 발전의 저해 요인이 될 줄은 아무도 몰랐을 것이다.

사실 미분 자체의 발견은 뉴턴의 공이 컸지만 미분의 기호에 있어서는 라이프니츠가 뛰어났다. 오늘날 우리가 사용하고 있는 미분기호는 라이프니츠의 것이다. 그는 미분기호를 이용하여 다음과 같은 미분법칙을 유도했다.

1. a가 상수이면 $da = 0$

2. $d(ax) = adx$

3. $d(x - y + z) = dx - dy + dz$

4. 자연수 n에 대하여 $d(x^n) = nx^{n-1}dx$

5. $d\left(\dfrac{1}{x^n}\right) = -\dfrac{n}{x^{n+1}}dx$

6. $d(\sqrt[n]{x^m}) = \dfrac{m}{n}\sqrt[n]{x^{m-n}}dx$

7. $d(uv) = u\,dv + v\,du$

8. $d\left(\dfrac{u}{v}\right) = \left(\dfrac{u\,dv - u\,dv}{v^2}\right)$

반면 뉴턴의 미분기호는 다음과 같았다.

$$\dot{x},\ \ddot{x},\ \dot{y},\ \ddot{y},\ \cdots$$

이 표현은 매개변수를 이용한 것으로

$$\frac{y}{x} = \frac{\dfrac{dy}{dt}}{\dfrac{dx}{dt}} = \frac{dy}{dx}$$

이며, 여기서 t는 매개변수이다.

후에 여러 수학자들에 의하여 19세기 초 '미적분학의 기본정리'가 탄생하는데, 이 정리는 미분과 적분은 실제로 역 연산 과정이라는 것을 말해주고 있다.

우리에게 훌륭한 미분기호를 제공한 라이프니츠는 1646년에 독일의 라이프치히에서 태어났다. 라이프니츠는 어릴 때부터 라틴어와 그리스어를 독학했으며, 스무 살이 되기 전에 보통교과서를 모두 공부하여 수학, 신학, 철학, 법학 등의 지식을 골고루 지니게 되었다. 그는 어린 나이에 '일반특성(Characteristica generalis)'의 착상을 발전시키기 시작했다. 이것은 나중에 부울(George Boole)의 기호논리와 1910년에 화이트헤드(Alfred North Whitehead)와 러셀(Bertrand Russell)의 《수학의 원리(principia mathematica)》를 꽃피우는 계기가 되었다.

단지 젊다는 이유로 라이프치히 대학에서 법학박사 학위를 거절당한 라이프니츠는 뉴렘베르크로 이사했고, 그곳에서 외교관이 되었다. 1672년 라이프니츠가 외교적인 업무로 파리에 있을 때 파리에 살던 호이겐스를 만났는데, 그는 호이겐스를 졸라서 수학을 배우게 되고 이렇

게 해서 그의 수학적 업적이 시작되었다.

라이프니츠는 1716년에 죽었는데, 이 유명한 수학자의 장례식에는 단지 충실했던 그의 하인만이 참석했다고 전해진다.

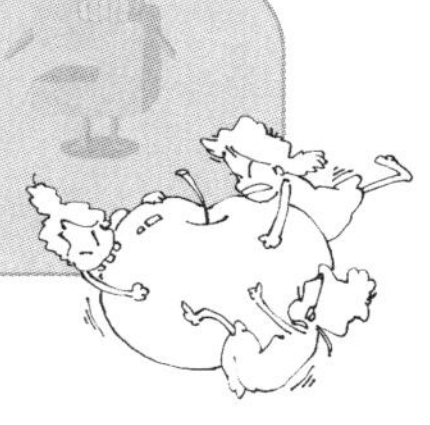

한붓그리기

17세기 후반부터 유능한 수학자와 과학자를 많이 배출한 스위스의 베르누이 가문은 수학과 과학의 역사에서 가장 뛰어난 가문 중 하나이다. 베르누이 가문의 사람들 중 가장 뛰어난 사람들은 두 형제 야곱 베르누이(Jakob Bernoulli, 1654~1705)와 요한 베르누이(Johann Bernoulli, 1667~1748)였다. 특히 동생인 요한은 로피탈(de L'Hospita, 1661~1704) 후작의 재정적 지원 아래 1696년 최초의 미적분학 교재를 만들게 된다. 여기서 요한은 로피탈의 후원에 감사의 표시로 그의 이름을 붙인 유명한 '로피탈의 정리'를 소개한다. 이것은 $\frac{0}{0}$, $\frac{\infty}{\infty}$ 꼴의 부정형의 극한을 구하는 방법이다. 그러니까 오늘날 우리가 알고 있는 로피탈의 정리는 사실 요한 베르누이의 작품이라는 것이다. 요한 베르누이는 반사와 굴절에 관련된 광학적 현상, 곡선 족의 수직궤적들의 결정, 급수에 의한 곡선의 길이 구하기와 넓이 구하기, 해석적 삼각법, 지수함수의 미분법, 최단강하선(brachystochrone) 문제, 등시곡선(tautochrone) 등에 관하여 연구하였다.

요한의 형인 야곱 베르누이는 극좌표를 최초로 사용하였으며, 직교좌표와 극좌표 모두에서 평면곡선의 곡률 반지름을 구하는 공식 유도, 현수선 연구, 고차 평면곡선 연구, 물체가 균일한 연직 속도로 떨어질 때 생기는 등속강하곡선에 관한 연구를 했으며, 최대 넓이를 가지는 고정된 둘레의 평면 폐곡선 문제를 제시하고 고찰하였다. 이 문제는 사실 변분법의 시초이다. 현재 야곱 베르누이의 이름을 지닌 수학적 내용으로는 통계학과 확률론의 '베르누이 분포', '베르누이 정리', 미분방정식에서의 '베르누이 방정식', 정수론의 '베르누이 수', '베르누이 다항식' 그리고 미분적분학에서 '베르누이의 연주형(lemniscate)' 등이 있다. 1690년 《학술기요》에 발표된 등속강하곡선 문제에 대한 야곱 베르누이의 풀이에서 최초로 '적분(integral)'이라는 단어가 나온다.

학문적으로 훌륭한 베르누이 가문의 사람들을 스승으로 두고 18세기에 수학 발전에 공헌한 위대한 수학자로는 오일러(Leonhard Euler), 푸리에(Fourier, 1768~1820), 달랑베르(D'Alembett, 1717~1783), 르장드르(Legendret, 1752~1833), 라플라스(Laplace, 1749~1827), 몽주(Monge, 1746~1818), 람베르트(Lambert, 1728~1777) 등을 들 수 있다. 이 중에서 오일러가 가장 뛰어난 수학자였다는 것은 누구나가 인

정하는 사실이다.

오일러는 1707년 스위스의 바젤에서 태어났다. 처음에는 칼뱅(Kelvin)파 목사였던 아버지의 영향으로 신학을 공부했지만 수학에 재능이 있다는 것을 깨닫고 수학을 공부하기 시작했다. 그의 스승은 당시 유명한 요한 베르누이였다.

오일러의 천재성은 어려서부터 나타났는데 19세 때에는 프랑스 학술원에서 상을 받기도 했다. 그는 배에 돛을 다는 최적 위치에 관한 뛰어난 해석으로 이 상을 받은 것이다. 신기한 것은, 오일러가 이 결과를 발표할 때까지도 돛을 달고 바다를 항해하는 배를 보지 못했다는 것이다.

오일러는 수학의 역사상 가장 많은 저술을 하였는데, 그 결과 수학의 각 분야에 그의 이름이 붙지 않은 것이 없다. 오일러는 그의 생애 동안 530편의 책과 논문을 발간했고, 사후 47년 동안 상트 페테르부르크 학술원의 회보를 보강하기에 충분한 원고를 남겼다. 886점의 책과 논문 등을 담고 있는 오일러의 저작을 총망라한 기념집을 1909년 스위스 자연 과학회에서 만들기 시작했는데, 사절판 73권에 이르는 방대한 분량으로 계획되었다.

많은 저술을 한 오일러이지만 사실 그의 명성을 더욱 빛나게 한 책은 그 유명한 《무한소해석(Introductio in analysin infinitorum)》이었다. 유클리드의 《원론》과도 같은 이 책은 1748년에 출판되었는데 그보다 앞선 수학자들에 의하여 발견된 것을 개관하고 재조직하고 증명을 새롭게 하여 이 한 권의 책으로 지금까지 나온 대부분의 책을 뒤져볼 필요가 없을 정도였다. 그는 또 1755년에 《미분법(Institutiones Calculi Differentialis)》, 1768과 1774년 사이에는 세 권으로 된 《적분법 (Institutiones Calculi Integralis)》을 출판하였다. 이 책들은 오늘날에 이르는 해석학의 일반적인 방향을 인도한 책들이다.

수학에 대한 오일러의 업적은 뉴턴의 경우와 마찬가지로 상당히 많다. 그 가운데에서 수학의 기초 분야에 관한 약간의 업적을 살펴보자.

먼저, 오일러의 수학적 표기법을 들어보면

$f(x)$: 함수 표기

e : 자연대수의 밑

a, b, c : 삼각형 ABC의 변

s : 삼각형 ABC의 둘레의 반

r : 삼각형 ABC의 내접원의 반지름

R : 삼각형 ABC의 외접원의 반지름

Σ : 합의 기호

i : 허수 단위 $\sqrt{-1}$

등이 있고, 복소수 표현에서 상당히 우아한 공식인

$$e^{ix} = \cos x + i \sin x$$

또한 오일러가 만든 것이다. 오일러는 전형적인 수학적 과정에 의하여

$$i^i = e^{-\frac{\pi}{2}}$$

와 같은 수많은 진기한 관계식을 얻었고, 사차방정식을 푸는 오일러의 해법, 수론에서 가장 기본적인 오일러 정리와 오일러 φ-함수, 고등미적분학에서 β함수, γ함수 등도 오일러가 만든 것이다. 또한 그는 미분방정식의 해를 구하는데 적분인수 개념을 사용하였고, 상수계수를 가지는 선형미분방정식의 체계적인 해법을 제시하였다. 이밖에 동차와 비동차 선형미분방정식을 구분하였으며, 미분기하, 유한차분법, 변분법 등에 상당한 공헌을 했는가 하면, 정수론을 크게 발전시키기도 했다.

그의 업적은 위에서 소개한 것 이외에도 상당히 많이 있다. 마지막으로 여기에서 우리가 중학교 수학시간에 배웠던 '한붓그리기'를 소개하겠다.

1736년에 오일러는 독일의 쾨니히스베르크 시에 있는 모든 다리를 꼭 한 번씩만 건너서 한 번에 제자리로 돌아올 수 있느냐는 문제를 제기했다.

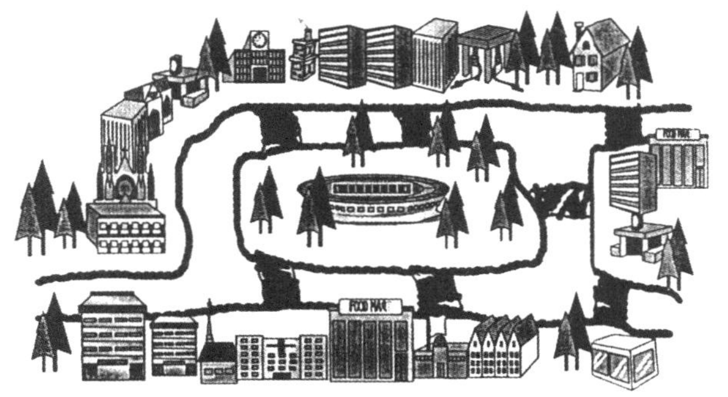

쾨니히스베르그의 7개 다리

이 시는 그림과 같이 프레겔 강의 어귀에 인접해 있으며 일곱 개의 다리가 있고, 한 개의 섬을 가지고 있다. 오일러는 이 문제를 아래 그림과 같은 연결된 그래프에서 한 점을 출발하여 그래프의 모든 선을 단 한 번만 지나서 제자리로 돌아오는 문제로 바꾸었다. 이것이 오늘날 우리가 알고 있는 '한붓그리기'의 시초이며, 현재 그래프 이론으로 발전하여 컴퓨터의 네트워크 구성 등에 아주 유용하게 응용되고 있다.

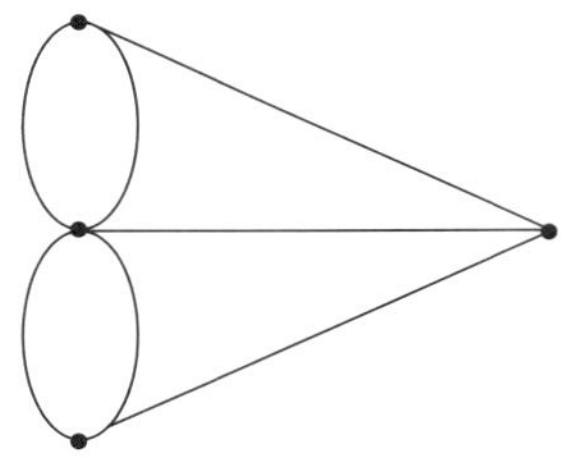

오일러는 1735년부터 오른쪽 눈을 실명했는데, 그 원인은 한 혜성의 궤도를 계산하는데 쉬지 않고 3일 동안이나 고전적인 방법으로 계산한 때문이다. 그의 초상화가 왼쪽 얼굴만이 그려져서 전해지는 것도 이와 무관하지 않은 듯하다.

 (14) 수학이란? _ 수학은 눈에 보이는 것만을 믿어서는 안 된다

그는 1766년 캐서린(Catherine) 황제의 초청으로 상트 페테르부르크 학술원으로 갔는데 이때 오일러는 불행히도 시력을 완전히 잃었다. 눈이 먼 것이 수학자에게는 극복할 수 없는 장애인 것처럼 생각되지만 베토벤(Beethoven)이 청각을 잃고도 작곡을 할 수 있었던 것처럼 오일러가 시력을 잃은 것도 그의 창작활동에는 영향을 줄 수 없었다. 그는 나머지 17년의 생애를 그곳에서 보내고 1783년 9월 7일 76세의 나이로 갑자기 세상을 떠났다. 그는 마지막 날에도 손자들과 함께 최근에 발견된 정리와 천왕성에 대한 이야기를 하며 놀다가 죽었다고 전해진다. 그는 13명의 자녀를 두었는데, 큰아들 요한 알브레히트 오일러(Johann Albrecht Euler, 1734~1800)는 물리학에서 약간의 명성을 얻었다.

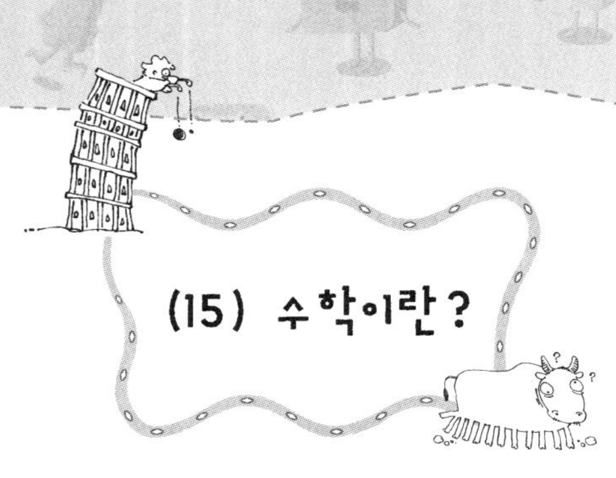

유명한 수학자가 학생들에게 수학적 이론을 이해하고 증명하는 것
에 대하여 다음과 같이 말했다.

"당신이 어떤 수학적 이론을 이해하고 그것을 증명할 수 있다면 당신
은 그 이론에 관하여 수학저널에 논평을 실을 수 있습니다. 그리고 당
신이 그 이론을 이해는 하지만 증명은 할 수 없다면 그 이론에 대한

논평을 물리학저널에 실을 수 있습니다. 마지막으로 당신이 수학적 이론을 이해하지도 못하고 증명할 수도 없다면 당신은 그 이론에 대한 논평을 공학저널에 실을 수 있습니다.”

안경테가 된 황금메달

가우스(Gauss)는 1777년 4월 30일에 독일의 브라운슈바이크에서 태어났다. 그는 이미 세 살 때 아버지가 잘못 계산한 것을 발견하고 지적하여 주위 사람들을 놀라게 했는데, 사람들은 흔히 수학의 역사를 통하여 아르키메데스와 뉴턴만이 그와 필적할 수 있었을 것이라고 말하고 있다. 그래서 우리는 그를 '수학의 황제'라고 부르기를 주저하지 않는다. 그러나 가우스의 혈통과 그의 어린 시절의 가정환경을 살펴보아서는 그가 그토록 훌륭한 수학자가 되리라는 것을 어디에서도 찾아볼 수가 없다. 그의 아버지 쪽 선조들 중에는 작은 농장의 소유주, 농장의 일꾼, 노동자 등이 있었고, 어머니 쪽은 목사, 농부, 석공, 관리나 성직자들이 있었다. 그래서인지 가끔은 가우스의 재능이 어머니 쪽으로부터 받은 것이라고 말하기도 한다.

가우스의 아버지는 고지식하고 난폭한 사람이었다. 그는 아들에 대하여 가혹해서 때로는 야수라는 느낌마저 들 정도였다고 한다. 또한 거친 말씨에 외모는 우락부락하게 생겼으며, 평생을 빈곤하게 살았다.

 (15) 수학이란? _ 수학은 이론에 의하여 이루어지고, 실용에 의하여 완성된다

어쨌든 그가 자기 아들의 교육에 힘쓰지 않았다는 사실은 당시로서는 그리 놀랄 만한 일은 아니었다.

가우스의 어머니는 강하고 곧은 성품과 예리한 지성 그리고 뛰어난 유머감각을 가지고 있었다. 그녀가 97세로 죽을 때까지 가우스는 그녀의 자랑거리였다. 그녀는 자식을 자기처럼 무지막지하게 만들려고 하는 남편으로부터 가우스를 끝까지 지켜주었고, 이로 인하여 가우스는 역사적인 수학자로 탄생할 수 있었다.

가우스는 일곱 살 때 성 캐서린 초등학교에 입학했는데, 그곳에서 그의 재능을 발견한 뷔트너(Buttner) 선생님을 만나게 된다. 뷔트너의 교육방법은 학생들에게는 매우 가혹한 것이었다. 그가 학생들을 얼마나 심하게 다루었는지 학생들은 두려운 나머지 자기의 이름도 잊어버릴 정도였다. 가우스가 10세 되던 해 어느 수학 시간에 뷔트너는 잠깐 동안 자신이 편하게 쉴 수 있을 것이라고 생각하고 어려운 문제를 내었다. 그것은 덧셈문제로 1부터 100까지의 합을 구하라는 문제였다. 학급의 모든 학생들이 열심히 문제를 푸는 동안 가우스는 숫자 하나를 적어놓고 팔짱을 끼고 앉아 있었다. 뷔트너가 그 숫자를 본 순간 가우스에게 말했다.

"너는 나를 능가하고 있다. 나는 더 이상 너에게 가르칠 것이 없다."

가우스는 임의의 등차수열의 합을 구하는 공식을 유도할 때 사용하는 등차수열의 대칭성을 이용하여 문제를 풀었다.

$$1 \ + \ 2 \ + \cdots + \ 99 \ + 100$$
$$100 + 99 \ + \cdots + \ 2 \ + \ 1$$

세로로 각 항을 더하면 101이고 항의 수가 100개이므로 이것은 구하는 합의 두 배가 되고 따라서 답은 $50 \times 101 = 5050$이다. 이 문제의 해결이 가우스가 수학을 본격적으로 시작한 계기가 되었다. 뷔트너는 이 일이 있은 후 적어도 가우스에게만은 인간적인 교사가 되었고, 가우스를 위하여 자신이 구할 수 있는 가장 좋은 산술 교과서를 구해주는 친절함도 베풀었다.

아르키메데스와 뉴턴의 업적은 다소 일반적인 지식이었던 반면에 가우스의 업적은 고등학교 교육과정이나 대학의 기초과정을 뛰어넘는 것이었고, 응용수학에서도 상당한 수준에 올라 있었다. 그는 비유클리드 기하학에 대하여 어렸을 때부터 많은 관심이 있었지만 평행선 공리가 유클리드의 다른 가정들과 독립적이라는 사실을 어렴풋이나마 알기 시작한 것은 아마도 이십대 후반일 것이다. 그러나 이 문제에 대하여 가우스는 평생 동안 발표한 적이 없고, 그의 결론들은 그의 친구들에게 보낸 편지와 그가 죽은 뒤에 그의 논문들에서 발견된 주석의 일부를 통하여 알려지고 있다. 그는 이 새로운 기하학을 '비유클리드(non-Euclidean) 기하학'이라고 불렀다.

가우스의 주된 업적 중 하나는 1799년에 헬름슈타트 대학에서 학위를 받은 논문으로 '대수학의 기본정리'의 증명이다. 이 정리는 다항식으로 된 대수방정식을 푸는 것으로 당시 대수학에 있어서 근본적인 문제로 화젯거리가 되었던 것이다. 그의 다른 분야의 업적으로는 유클리드, 페르마, 오일러의 전통을 이은 수론에 관한 것에 있다. 1801년에 《수론 연구(Disquistitiones arithmeticae)》라는 걸작을 발표했는데, 이것은 정다각형을 작도하는 방법과 이 작도와 수론과의 연관을 논하고 있다. 그는 수론에 대하여 다음과 같이 말하고 있다.

수학은 과학의 여왕이고, 수론은 수학의 여왕이다.

그는 겨우 30세에 괴팅겐의 천문학 교수겸 천문대장으로 임명되었고, 이곳이 그의 평생직장이 되었다.

사실 가우스는 수학에서는 잘 알려진 인물이었지만 그 당시 세상에 보편적으로 알려지지는 않았다. 그가 세상에 널리 알려지게 된 것은 아마도 '케레스(Ceres) 소행성의 궤도 측정' 때문일 것이다. 가우스의 놀라운 계산 능력은 행성의 궤도를 계산하는데 아주 유용하게 쓰였다. 예를 들면 그는 포물선형 궤도의 문제에서 한 혜성의 궤도를 한 시간 내에 계산했는데, 이 문제는 고전적인 방법을 썼던 오일러가 한쪽 눈이 멀어가며 3일이나 걸려서 계산했던 문제였다. 그때 가우스는 이렇게 말했다.

“내가 만약 그런 식으로 3일 동안 계산했다면 나도 눈이 멀었을 것이다.”

가우스를 평가했던 일화로 프랑스의 대단한 수학자 라플라스에게 유명한 탐험가인 훔볼트(Humboldt)가 다음과 같이 질문했다.

“독일에서 가장 위대한 수학자는 누구입니까?”

사실 이 탐험가는 그 대답으로 가우스를 원했다. 그러나 라플라스는

“독일에서 가장 위대한 수학자는 파프(Pfaff, 1765~1825)입니다.”

라고 대답했다. 실망한 이 탐험가는

“가우스를 어떻게 생각합니까?”

라고 물었는데 라플라스는

"가우스는 이 세상에서 가장 위대한 수학자입니다."

라고 대답했다. 그 당시 프랑스와 독일은 적대 관계에 있었지만 훌륭한 라플라스는 가우스를 칭찬하는데 주저하지 않았다.

뛰어난 수학자였으나 그의 가족사는 좀 색다르다. 특히 그의 아들 오이게네와는 끝까지 불편한 관계어서 벗어나지 못했다.

가우스는 1803년 우아하고 매력적인 외모와 착한 성품을 지닌 첫 번째 부인인 조안나 오스토프를 만났다. 1년 동안 그녀를 쫓아다닌 후에 낭만적인 청혼의 편지를 썼고, 3개월 후에 허락을 받아 결혼했다. 그 뒤 1806년 첫 아이인 조셉이 태어났다. 조셉은 20년 동안 군대생활을 한 후에 하노버 철도체계의 관리자가 되었다. 1808년에는 둘째인 빌헤미나가, 1809년에는 셋째인 루드빅이 태어난다. 그런데 루드빅이 태어나면서 그의 어머니이자 가우스의 첫 번째 부인이 죽었고 루드빅도 6개월 만에 죽고 말았다.

사랑하는 아내 조안나를 잃은 지 10개월도 채 지나지 않아서 가우스는 민나 발덱과 재혼했다. 그러나 그녀는 허약한 체질로 폐결핵을 앓다가 1831년에 세상을 떠났다. 두 번째 부인과의 사이에도 세 아이를 두었는데, 1811년에 오이게네, 1813년에 빌헤름, 1816년에 테레제가 태어났다. 그 중 오이게네는 가우스의 자녀들 중 수학과 어학 분야에서 가우스의 능력을 이어 받았다. 오이게네는 고등학교를 마치고 대학에서 언어학을 공부하기를 원했지만 가우스의 강력한 권고로 법학부 학생이 되었다. 그러나 오이게네는 아버지에 대한 반항으로 술과 노름에 빠져든다. 그 후 아버지의 신랄한 질책에 대한 반발로 미국으로 떠났다. 그 뒤에도 아버지와 아들의 관계는 좋아지지 않았다.

　1840년 오이게네는 미주리 주의 세인트 찰스에서 사업가로 정착했다. 그는 곡물과 목재를 취급하는 상인이 되었고, '퍼스트 내셔널 뱅크(First National Bank)'를 설립하였다. 가우스가 조지 5세에게서 받은 황금메달이 오이게네에게 상속되자 그는 그것을 녹여서 안경테로 만들었다.

　황금메달로 만든 안경테에도 불구하고 오이게네는 점차 시력을 잃었지만 80이 넘어서까지 암산을 즐기곤 했다. 그는 아담이 태어난 창세기부터 시작해서 1894년까지를 6,000년으로 잡고 1달러가 연리 4%로 증가하면 얼마가 되는지 그 합을 계산했다. 그 합을 금으로 환산해서 쌓아 놓으면 마치 지구가 욕조 속의 물 한 방울처럼 보일 만큼 엄청난 양이 되었다.

　가우스는 일생을 건강하게 보냈다. 그의 연구 능력은 엄청났으며 그것은 수학과 천문학, 측지학, 물리학 분야에서 수년에 걸쳐서 각각의 연구팀이 이룩한 연구 성과에 필적한다. 그러나 1852년 겨울부터 건강이 악화되기 시작하여 1855년 2월 23일 아침에 수학의 황제 가우스는 평화롭게 잠든 채 세상을 떠났다. 그의 나이 77세였다. 2월 26일에 장

레식이 있었는데, 장례식은 학계 이외의 사람들도 참여하여 학교장으로 치러졌다. 영예의 월계관을 쓰고 묘지의 전망대 천장 아래 단 위에 뉘어졌으며, 관은 데데킨드(Dedekind)를 포함한 12명이 운반하여 괴팅겐의 세인트 알반스 공동묘지에 묻혔다.

500년을 바쁘게

살아있는 동안 내내 수학적 천재성을 인정받지 못한 현대 대수학의 선구자인 천재 수학자 아벨(Niels Abel)은 1802년 8월에 노르웨이의 한 시골에서 목사의 아들로 태어났다.

중학교 시절에 아벨의 수학선생님은 대단한 폭력교사였는데, 어려서부터 허약했던 아벨은 그의 폭력에 견디다 못해 휴학을 하였다. 아벨이 15세 때, 그 폭력교사가 당시 국회의원의 아들에게 폭력을 휘둘러 죽게까지 하는 사건이 일어났다. 이 사건으로 그 교사는 학교에서 쫓겨났고, 후임으로 홀름보에(Holmboe)가 부임해 왔다.

아벨은 홀름보에에 의하여 수학적인 눈을 뜨게 되었다. 아벨이 17세 때 〈오차 이상의 방정식을 어떻게 풀 것인가?〉라는 논문을 그의 선생님에게 보여 주었다. 홀름보에는 물론 홀름보에의 스승인 한스테인 교수도 그의 논문에서 오류를 발견할 수가 없었다. 그래서 코펜하겐의 데겐 교수에게 그 논문이 보내졌고, 그의 충고로 아벨은 자신의 결과에 오류가 있다는 것을 발견하였다. 비록 오류가 있긴 했지만 이 논문

으로 아벨은 유명해졌다.

17세 때에 목사였던 그의 아버지가 죽자 가정 형편은 어려워졌다. 모두 여섯 명이었던 형제 중 그의 형은 정신 이상자였으므로 아벨이 가족의 생계를 책임져야 했다. 19세 때에 오슬로 대학에 입학했지만 여러 사람의 도움을 받지 않으면 생활할 수가 없었다. 20세 때, 코펜하겐에서 그의 첫 논문의 오류를 지적한 데겐 교수를 만나 직접 지도를 받았고 이곳에서 그의 연인인 크리스티느를 만났다.

1824년에 발표한 논문에서 일반 오차방정식은 대수적으로 해를 구할 수 없다는 것을 증명하였고, 그 결과로 아벨은 적은 액수나마 장학금을 받아 독일, 이탈리아, 프랑스로 여행할 수 있었다. 여행을 다니는 동안 무한급수의 수렴, 아벨적분, 타원함수 등 여러 분야에 관한 많은 논문을 썼다. 1826년 아벨은 2년 전에 완성된 논문을 보완하여 흔히 〈크렐레〉로 불리는 수학 잡지의 제1권에 〈오차 및 오차 이상의 방정식의 대수적 해법의 불가능성〉이라는 제목의 논문을 발표하였다. 여기서 비로소 수세기에 걸쳐 해결하지 못했던 문제가 만족스러운 형태로 해결된 것이다.

　사실 오차방정식의 해법에 관한 논문은 오랫동안 인정받지 못하였다. 논문의 심사를 맡았던 당시 제일의 수학자인 가우스가 자신의 논문과 함께 아벨의 논문을 끼워 넣어 두고 잊어버렸기 때문이었다. 24세 때에는 타원함수에 관한 논문을 심사위원 코시(Cauchy)가 책상서랍에 넣은 채로 잊어버린 적도 있었다. 아벨은 아카데미로부터 회신을 기다리고 있었으나 여비도 떨어지고 해서 부득이 귀국하고 말았다. 귀국 후에 정부의 원조를 기대했으나, 원조는커녕 직업조차 얻을 수가 없었다. 그때, 독일의 야코비(Jacobi)가 발표한 타원함수에 관한 논문을 보고 아벨은 깜짝 놀랐다. 그것은 그가 프랑스 파리 아카데미에 제출한 채로 있는 아직 빛을 보지 못한 자기의 논문과 거의 같은 내용이었기 때문이었다. 사실 그의 업적에는 대수방정식에 관한 것 이외에도 이항 급수론, 타원 함수론, 아벨함수의 도입 등도 있다. 또, 해석학을 공부하는 학생들은 누구나 아벨의 적분방정식과 아벨함수로 유도되는 대수함수들의 적분의 합에 관한 아벨의 정리와 마주치게 된다. 무한급수에 관한 문제에는 아벨의 수렴 판정법과 멱급수에 관한 아벨의 정리가 있다.

　아벨은 무관심 속에서 아무런 직업을 얻지 못하고 많은 빚을 진 채 가정교사를 하며 간신히 생활을 했다. 그러다가 결핵에 걸려 그의 연

인 크리스티느 곁에서 1829년 4월 6일 26세의 나이로 수학의 천재 아벨은 아무에게도 인정받지 못하고 죽었다. 그런데 그가 죽은 지 이틀이 지난 후에 베를린 대학으로부터 교수로 초빙한다는 편지가 왔다.

생전에 조국으로부터 거의 인정을 받지 못했던 아벨은 현재 그의 조국의 소액 우표에 등장한다. 그러나 수학자들은 특유의 방식으로 훨씬 더 오래 지속되는 아벨에 대한 기념비를 세웠다. 왜냐하면 오늘날 많은 정리와 이론에 아벨의 이름을 영속시키고 있기 때문이다. 그 한 가지 예로 추상 대수학에서 교환법칙이 성립하는 군을 오늘날 아벨군이라고 부른다.

에르미트(Hermite)는 아벨에 대한 평가를 다음과 같이 했다.

"아벨은 수학자를 500년 동안 바쁘게 만든 문제들을 남겼다."

또한, 아벨의 절친한 친구 키엘하우(Kielhau)는 친구의 무덤을 보고 아벨에 대한 기념비를 세웠으며, 이 기념비는 프롤랜드 교회에서 볼 수 있다.

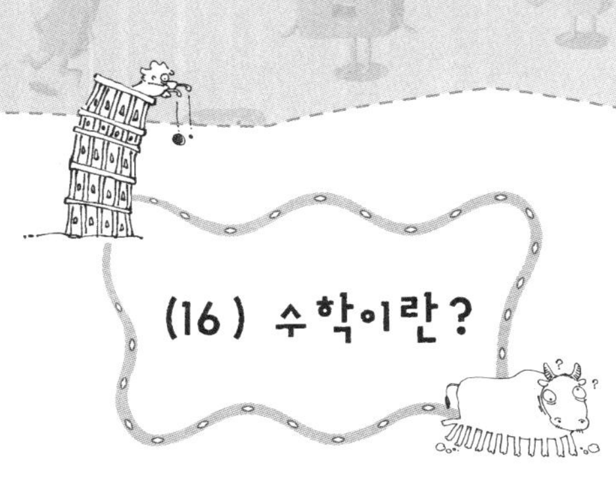

두 사람이 장래에 무엇이 될 것인가를 놓고 고심하고 있다가 유명한 철학자에게 물어보기로 했다. 그 철학자는 그들에게 몇 가지 실험을 했다.

먼저, 두 사람을 어떤 방으로 인도했는데 거기에는 난로와 책상 그리고 책상 위에 물이 담긴 주전자가 있었다. 철학자가 두 사람에게

"물을 끓이시오."

라고 주문했다. 그러자 두 사람은 각각 물이 든 주전자를 난로 위에 올려놓았다. 그리고 철학자는 다시 두 사람을 데리고 다른 방으로 갔다. 거기에는 난로와 책상 그리고 마룻바닥에 물이 담긴 주전자가 놓여 있었다. 다시 철학자가

"물을 끓이시오."

라고 말했다. 그러자 첫 번째 사람은 주전자를 난로 위에 얹어 놓았다.
그때 철학자는 그 사람에게

"당신은 공학자가 되시오."

라고 말했다. 그 이유를 묻자 철학자는

"당신은 내가 시킨 두 가지 일을 서로 상관없이 해결하였기 때문이요."

라고 대답하였다.

물을 끓이라는 철학자의 말에 두 번째 사람은 먼저 주전자에 물이
들었는지 살펴본 후에 주전자를 찬상 위에 놓았다. 그런 다음에 난로

위에 얹었다. 그러자 그 철학자는 이렇게 말했다.

“당신은 수학자가 되시오. 왜냐하면 첫 번째 질문의 해결방법으로부
터 두 번째 질문의 해결방법을 찾았기 때문이요.”

수학은 과정이다

최후의 결투

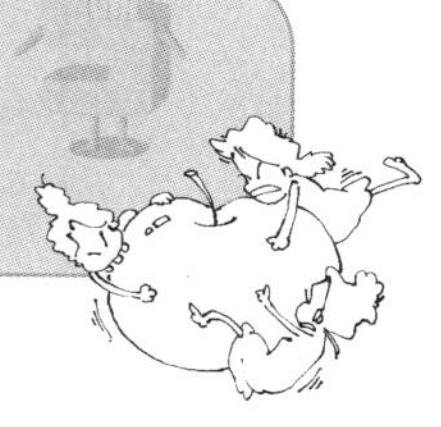

현대 대수학의 또 하나의 선구자인 갈루아(Evariste Galois)는 1811년 10월 파리 근교 작은 마을에서 태어났다. 그는 아벨보다도 더 짧고 더 비극적인 생애를 보냈다. 12세 때 중학교에 입학해서 저학년 때는 좋은 성적을 얻었지만 15세 때는 낙제경고까지 받았다. 그래서 어떻게 해서든지 성적을 올리겠다고 간청하여 진급이 되었으나 1학기 때에도 성적이 좋지 않아 결국 낙제를 당했다. 같은 일을 두 번이나 당한 충격에서 벗어나기 위하여 그는 수학을 공부하기 시작했다.

그의 수학에 대한 첫 교과서는 르장드르(Legendre)의 《기하학 원론》이었는데, 갈루아가 청강을 결심했을 때는 이미 교과서의 절반이나 진도가 나가 있었다. 다른 학생들의 진도를 따라잡기 위하여 그는 이 책을 혼자 공부했고, 결국 단 이틀 만에 진도를 따라갔다.

17세 때 이미 방정식론에서 중요한 발견을 하여 프랑스 학술원에 제출하였으나, 코시(Cauchy)가 분실해버렸다. 아마 이 내용은 아벨과 마찬가지로 오차 이상의 방정식을 대수적으로 풀 수 없다는 것을 증명한 것이었으리라고 짐작된다. 이 무렵 그는 수학 그랑프리에 참가하기 위하여 파리 아카데미에 〈방정식의 일반해에 대하여〉라는 논문을 제출했으나 심사를 맡은 푸리에(Fourier)가 갑자기 죽는 바람에 아쉽게도 회답을 들을 수가 없었다.

갈루아는 당시 최고의 교육기관이던 에콜 폴리테크니크에 두 번이나 응시했지만 실패했다. 일설에 의하면 시험관의 시시한 질문에 화가 난 갈루아가 그 시험관에게 칠판지우개를 던졌기 때문이라고 한다. 그러나 사실은 갈루아의 천재성을 전혀 감지하지 못한 시험관의 형식적인 요구를 채울 수 없어 입학이 허용되지 않았던 것이다. 결국, 갈루아는 1829년 교사가 될 준비를 하려고 고등사범학교에 입학했고, 입학 후 반년 동안에 4편의 논문을 발표하였다. 생전에 인쇄된 그의 논문은 모두 5편인데 이곳에서 거의 대부분의 논문을 쓴 것이다. 1830년에는 혁명에 참가하고, 교장 배척운동을 하다가 이듬해에 퇴학당했다.

갈루아는 퇴교처분을 당한 뒤, 급진적인 활동가로서 정치활동을 계속하는 한편 서점에서 고등대수의 공개강좌를 열기도 하면서 푸리에가 분실한 논문을 다시 파리 아카데미에 제출하였다. 그러나 심사를 맡은 푸아송(Poisson)은 '이해할 수 없다'라는 이유로 기각하였다. 나중

에 갈루아는 이 일에 대하여 이렇게 말했다.

"아카데미 회원이라고 하는 신사님의 가방 속에서 어떻게 그렇게도
자주 원고가 분실되느냐는 점을 꼭 말해주고 싶다."

"1831년 아카데미에 보낸 나의 논문은 푸아송에게 심사가 맡겨졌는
데 푸아송은 이것을 전혀 이해할 수 없다고 했다. 이것은 푸아송이 나
의 논문을 이해하려고 하지 않았거나, 아니면 이해할 능력이 없는 것
으로 생각된다. 그러나 대중들의 눈에는 나의 저작이 무의미한 것이었
다는 증거처럼 보일 것이 확실하다."

그 후 그는 정치활동을 계속하다가 투옥되었는데, 가석방 중 결투로
1832년 5월 30일 새벽, 권총 탄환에 맞아 쓰러졌다. 아무도 돌보아 주
는 이 없이 버려진 채, 아침 9시가 되서야 지나가던 농부가 병원으로
데려갔다. 연락을 받은 그의 아우만이 그의 죽음을 지켜보았는데, 슬
픔에 빠진 아우를 달래기 위하여 그는

"아우여! 울지 마라. 스무 살의 나이에 죽으려면 나의 모든 용기가
필요했다."

라는 말을 유언처럼 남기고 숨을 거두었다. 사람들은 그의 죽음이 비밀
경찰의 음모라고도 했고 한 여인과의 사랑 때문이라고도 했다. 그는 공
동묘지에 아무렇게나 묻혀 그 후 그의 무덤을 발견할 수 없었다.

그가 죽기 전날 자신의 죽음을 예감하고 친구인 슈발리에에게 유서를
남겼는데, 그 내용은 주로 대수방정식과 치환군에 관한 것으로, 40년이

지난 후에 출판되어 비로소 19세기의 지도적인 수학자로서 역사에 남게 되었다.

사실, 그는 너무 일찍 태어나 그 당시 수학자들이 이해할 수 없는 이론을 남겼다. 후세에 수학자들은 그의 죽음에 대하여 다음과 같이 말한다.

"아벨은 가난해서 죽었고, 갈루아는 이 세상의 바보들이 죽였다."

갈루아의 수학적 공헌 가운데 가장 큰 업적은 현대 대수학의 문을 열었다는 데 있다. 사실 그에 의하여 대수학의 기본인 군의 연구가 시작되었으며, '군(group)'이라는 말을 1830년에 최초로 사용하였다.

나이팅게일의 스승

'수학의 아담'이란 별명을 갖고 있는 제임스 조지프 실베스터 (James Joseph Sylvester)는 1814년 런던에서 여러 형제 중 막내로 태어났다. 미국에서 살던 그의 형은 보험계리사였는데, 미국의 복권 청부 업회 이사에게 그들이 골치를 썩고 있는 복금 조절에 관한 어려운 문제를 겨우 16세밖에 안 된 실베스터에게 의뢰해보라고 제안했다. 실베스터는 완벽하고 만족스러운 해법으로 상금 500달러를 받았다.

실베스터는 1831년 케임브리지의 세인트존스 대학에 입학했다. 그 후 1838년에서 1840년까지 런던 대학의 자연철학 교수로 재직했고, 1841년에 미국의 버지니아 대학교 수학교수가 되었으나 학생들과의 마찰로 몇 개월만에 그만두고 영국으로 돌아왔다. 영국으로 돌아온 실베스터는 1850년에 변호사가 되었고, 그의 영원한 친구인 케일리 (Cayley)와 같이 변호사를 하며 수학을 연구하였다. 그들은 서로를 격려하며 동일한 수학 문제의 공동연구를 통해 매우 많은 새로운 수학을 창조하였다.

실베스터의 훌륭한 친구인 영국의 수학자 케일리는 성격과 스타일과 외모에 있어서 실베스터와는 정반대였다. 그는 1821년 서리 주의 리치몬드에서 태어나 케임브리지의 트리니티 대학에서 공부하였으며, 1842년 수학 졸업시험에서 수석으로 졸업했고, 같은 해 스미스 상의 수상자를 가리는 어려운 시험에서도 1등을 차지하였다. 법률가로부터 시작된 케일리의 직업은 1863년에 케임브리지에 새들러 교수직이 설치되며 결국 수학자로 돌아왔다. 케일리는 수학의 역사상 오일러와 코시에 이어 세 번째로 많은 양의 수학적 저술을 남겼다. 방대한《케일리 수학 논문집》은 총 966편의 논문이 수록되어 권당 약 600쪽에 달하는 4절판 13권으로 되어 있다. 그는 해석기하, 변환이론, 행렬식이론, 고차원 기하학, 분할이론, 곡선과 곡면이론, 아벨함수, θ-함수, 타원함수의 이론에 개척자적인 기여를 하였다. 그러나 그의 가장 큰 업적은 그의 친구인 실베스터와 함께 불변식론을 만들고 발전시킨 것이라 할 것이다. 그는 1895년 편안했던 일생을 조용히 마감했다.

실베스터의 초기 수학 논문은 광학이론과 스털의 정리에 관한 것이었다. 그후 케일리의 영향을 받아 현대 대수학에 커다란 기여를 하기 시작하였다. 그는 소거이론, 변환, 이차형식의 표준형, 행렬식, 이차형식의 계산, 분할이론, 불변식론, 특정한 한계 안의 소수의 개수에 관한 체비셔프의 방법, 행렬의 고유값, 방정식 이론, 다중대수, 정수론, 연관기계, 확률론, 왕복기계에 관한 논문을 썼다. 그는 또한 '수학의 아담(The Adam of Mathematics)'으로 불릴 정도로 많은 새로운 이름을 만들어 내면서 수학용어에 광범위한 기여를 했다.

실베스터의 가장 큰 업적인 이른바 '불변식론'을 간단히 설명하면,

"어떤 수학적 모델을 다른 모델로 바꿀 때 변하지 않는 성질에는 무엇이 있겠는가?"

라는 것이다. 이 업적은 앞에서 말했듯이 학문적으로 절친한 친구였던 케일리와의 공동 작업으로 이루어졌다. 이 이론에 대한 간단한 예로는 깨끗한 종이 위에 직선을 그린 후에 종이를 마음대로 구기면 종이는 엉망으로 구겨지겠지만 종이 위에 그려진 직선은 위치와 크기 등 변한 것이 아무것도 없다는 것이다. 이런 이론이 가장 잘 적용되는 것으로는 어떤 성질을 보존하는 선형변환에 관한 것이다.

실베스터는 수학자이면서도 많은 시를 남겼다. 물론 그의 시는 대중들에게 훌륭한 감동을 주지는 못하였지만, 그 혼자 즐기기에는 충분했던 것 같다. 그의 시는 대부분 어떤 수학적 결과에 대한 영감에서 비롯된 것들이었다. 한번은 그가 볼티모어에 있는 피바디 연구소에서 청중들을 불러 놓고 〈로잘린드〉라는 시를 낭독한 적이 있었다. 그 시는 모든 행이 주인공의 이름 '로잘린드'로 운이 맞추어진 400행으로 구성되어 있었다. 그는 그의 시가 어떤 사실과 연관이 있는지와 어떤 부분을 강조해야 할지 등을 아주 자세하고 장황하게 설명하였는데, 그때 이미 거기에 지친 청중들은 시를 듣기도 전에 하나 둘 돌아갔다. 그때서야 비로소 시에 대한 주석이 너무 길었음을 알고 그의 자작시를 낭송하기 시작했다. 어쨌든 그는 시에도 관심이 많았고, 1870년에는 〈시의 법칙(The Laws of Verse)〉이라는 소책자를 발간하기도 하였다.

음악에도 흥미를 가졌던 실베스터는 유명한 프랑스 작곡가 구노(C. F. Gounod)에게 성악 레슨을 받은 적이 있는 훌륭한 목소리를 가진 아마추어 성악가였다. 그는 〈허근을 구하는 뉴턴의 방법에 관하여〉라는 논문의 각주에 이렇게 적어 놓았다.

왜 음악을 감각의 수학으로, 수학을 이성의 음악으로 표현하려 하지 않는가? 서로의 혼은 같다. 따라서 음악가는 수학을 느끼며 수학자는 음악을 생각한다.

실베스터는 예전의 많은 학자들이 그랬듯이 어려운 인생행로를 걸어온 사람 가운데 한 사람이다. 그는 스미스 상을 탈 수 있었지만 유대인이라는 이유만으로 이 상을 타지 못했다. 그는 나중에 미국으로 건너가 '존스 홉킨스 대학'의 수학과 교수로 있으면서 세계적인 수학 잡지인 〈미국 수학 잡지(American Journal of Mathematics)〉를 만들었다. 또 한 가지 흥미로운 사실은 간호학의 개척자로 널리 알려진 나이팅게일(Florence Nightingale)이 가난했던 초년의 실베스터에게서 수학을 공부했다는 것이다.

1884년 실베스터는 옥스퍼드 대학교의 기하학 교수직을 얻었고, 1897년 83세의 나이로 런던에서 죽었다.

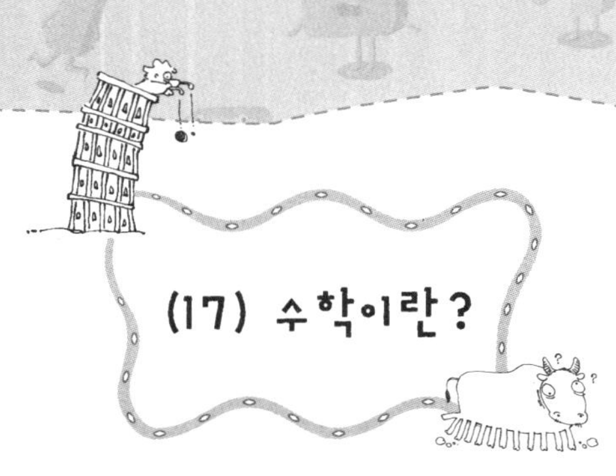

수학교수는 어떠한 주제에 대하여도 정확하게 50분을 이야기할 수 있는 사람이다. 또한, 수학교수는 수업시간의 정확히 반은 바로 전 시간의 잘못된 점을 지적하고 수정하고 복습하고, 나머지 반은 다음시간에 할 강의를 위하여 준비하는 사람이다???

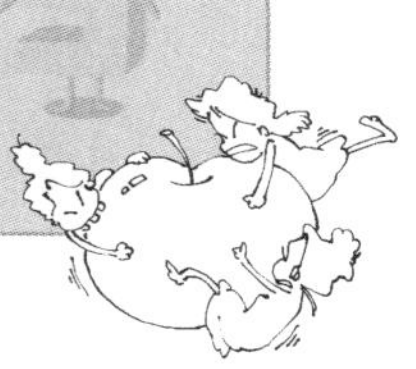

정신병으로 죽다

중·고등학교에서 집합의 개념만을 배운 사람들은 집합과 그 연산을 칸토어(Georg Cantor)가 만든 것이라고 알고 있었지만 이것은 잘못 알려진 것이다. 그의 집합론 연구의 동기는 무한대의 탐구에 있었다.

집합은 유한개의 원소를 갖는 유한집합과 무한개의 원소로 되어 있는 무한집합이 있는데 칸토어의 연구 이전에는 수학자들이 기호 ∞로 표시되는 한 가지 무한만을 받아들여서 이 기호로 자연수의 집합이나 실수의 집합 등의 원소의 개수를 나타내는데 구분 없이 써왔다. 그런

데 칸토어는 무한집합의 원소의 개수를 기수와 서수로 나누었다.

칸토어의 초기 관심사는 정수론, 부정방정식, 삼각급수에 있었다. 그는 삼각급수의 여러 가지 흥미로운 이론에서 영감을 얻어 해석학의 기초로 눈을 돌렸던 것 같다. 그는 수렴하는 유리수 수열을 활용하고, 집합론과 무한이론에 관한 혁명적인 연구를 시작했다. 사실, 집합론과 무한이론에 관한 연구로 칸토어는 수학 연구의 완전히 새로운 분야를 창조했다. 그는 실제적인 무한의 수학적 취급에 기초를 두어 초한이론을 발전시키고, 유한수들의 계산법과 유사하게 초한수의 계산법을 만들었다. 초한수(transfinite)라는 것은 무한집합의 기수를 말한다. 즉 간단히 말하면 무한집합의 원소의 개수이다.

무한대를 신성시하던 그 당시에 칸토어는 '완결된 무한'을 완성했다. 그 방법은 이러하다. 직관적으로 생각할 때, 두 집합의 크기를 비교한다는 것은 그 개수만 셀 수 있다면 당연한 결과로 따라오는 것이라고 생각할 수 있다. 예를 들어 다섯 개의 사과를 주며

"당신의 오른손 손가락의 수만큼 사과가 있습니까?"

하고 물으면 오른손 손가락의 개수를 세고, 사과의 개수를 세어서 다섯 개가 있으면

"예"

라고 대답한다. 이것은 셀 수 있다는 것이 두 집합의 크기를 비교하는 필수요건이고 이 셈법이 '같은 크기'를 판단하는 것보다 더 원시적인

개념이 되는 것이다. 그러나 칸토어는 매우 간단한 방법으로 이 개념을 바꾸어 놓았다.

그의 간단한 생각은 다음과 같다. 먼저, 수학적인 지식이 거의 없는 원시인이 살고 있다고 하고 그들이 셀 수 있는 가장 큰 수는 2이고 그 이상은 셀 수 없다고 가정하자. 이런 경우 그들은 오른손 손가락의 개수와 사과 다섯 개를 다 셀 수 없다. 그렇지만 셀 수 있는 능력이 없다고 해서 손가락의 개수와 사과의 수를 비교할 수 없을까? 그렇지 않다. 왜냐하면, 손가락 하나에 사과 하나씩 대응시켜 보면 쉽게 비교가 가능한 것이다. 이런 것을 우리는 일대일 대응이라고 부른다.

이 예는 매우 중요한 사실을 우리에게 알려주고 있는데, 그것은 두 집합의 크기를 비교하는데 '세는 것'은 필수적인 요건이 아니며 오히려 일대일 대응이라는 견지에서 본 '같은 크기'의 개념이 '세는 것'보다 더 기초적인 개념이라는 것이다. 이것은 수학에서 결정적인 역할을 하는데, 그것은 집합은 유한해야 한다는 조건 없이도 임의의 두 집합을 비교할 수 있다는 것이다.

칸토어는 유대계 덴마크 사람이었던 사업가의 아들로 오늘날 러시아의 페테르부르크에서 1845년에 태어났다. 1856년에 독일의 프랑크푸르트로 이주하여 학교에 다녔고, 어려서부터 수학에 재능이 있었다. 칸토어 집안에서 종교는 중요한 가정문제로 그의 일생에 큰 영향을 미친다. 아버지는 유대교도에서 신교로 개종하였고, 어머니는 모태 가톨릭 신자였다. 이렇게 혼합 종교의 가정 분위기에서 자란 칸토어는 평생을 두고 신학에 관심을 가졌다. 이것이 계기가 되어 중세신학, 연속성과 무한에 관한 복잡한 논쟁에 깊은 관심을 갖게 되었고, 공업 기술자가 되길 바라던 그의 아버지의 제안을 무시하고 철학, 물리, 수학을 공부하기 위하여 취리히, 괴팅겐, 베를린 대학에서 공부하였다. 특히 베를린 대학에서는 바이어슈트라스(Weierstrass)의 영향을 받았고, 1867년 박사학위를 받았다. 그는 1869년부터 1905년까지 할레 대학에서 강의했다. 이러한 출생과 성장의 특징 때문에 덴마크, 러시아, 독일, 이스라엘이 모두 칸토어를 자기 나라 사람이라고 주장하고 있다. 그는 독일 수학자 협회의 창립과 함께 의장이 되었고, 제1회 국제 수학자 회의를 1897년에 취리히에서 개최하는데 성공했다.

무한에 대한 수학적 영역을 확고하게 만든 그는 1913년에 퇴직하여 3년 뒤에 할레의 정신병원에서 죽었다.

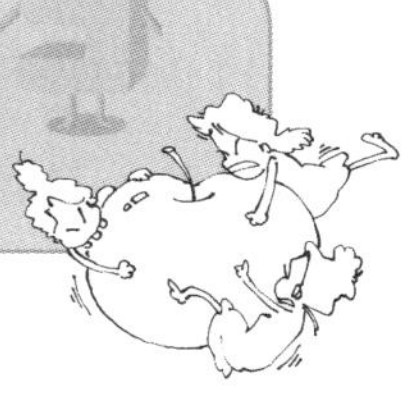

역리! 역리! 역리!

버트란트 러셀(Bertrand Russell)은 수학보다는 노벨 문학상 수상자로서 또 《철학이란 무엇인가?》라는 책의 저자로 더 유명하다.

그는 1872년에 웨일스의 트렐렉 근교에서 귀족 집안의 자손으로 태어났다. 케임브리지의 트리니티 대학에서 장학금을 받은 그는 수학과 철학에서 명성을 떨쳤다. 그는 주로 미국의 대학교에서 강의하였고, 수학, 논리, 철학, 사회학, 교육학에 관한 책을 40권 이상 저술하였다. 그는 1934년에 실베스터, 드모르간(De Morgan)과 영국학술원상을 공동 수상하였고, 1940년에는 메리트 훈장을 1950년에는 노벨 문학상을 수상하였다.

그는 제1차 세계대전 중에 평화주의자적인 견해를 피력하고 징병제도를 반대하여 케임브리지 대학교에서 쫓겨나 4개월 동안 옥살이를 하였다. 1960년대 초에 핵무기에 반대하는 평화주의 운동을 이끌어 다시 잠깐 동안 투옥되었다. 그는 1970년 98세로 죽었다.

러셀은 1902년 집합의 개념만을 이용하여 표현된 한 역리(paradox)

를 발견하였다. 그는 이 역리로 인하여 수학에도 더욱 본질적인 철학적 사고가 필요하다고 여기고 논리와 철학에 관심을 갖게 되었다. 그리하여 기호논리와 수리철학을 발전시켰다. 그는 1918년에 출판된 《신비주의와 논리》에서 수학을 다음과 같이 말하고 있다.

> 수학은 진실을 갖고 있을 뿐만 아니라 최상의 아름다움을 갖고 있다. 수학에는 조각품이 갖고 있는 것과 같은 냉철하고 엄격한 아름다움이 있다.

이 말은 수학에 대한 그의 생각을 잘 말해주고 있다.

여기서 그의 역리를 간단히 알아보자. 한 집합은 자기 자신의 원소이든가 아니든가 둘 중 하나이다. A를 자기 자신의 원소가 아닌 집합들, 전체의 집합이라 하자. 즉

$$A = \{x \mid x \notin x\}$$

라 하고, A가 A의 원소가 되는가를 생각해보자.

$$A \in A \iff A \in \{x \mid x \notin x\} \iff A \notin A$$

에서 A가 A에 속하는 것과 A가 A에 속하지 않는 것이 상등이 되므로 모순이다.

러셀의 역리는 여러 가지로 잘 알려져 있는데 그 중 가장 많이 알려진 것은 이발사 이야기이다. 이 이야기는 1919년에 러셀이 한 것으로 다음과 같은 것이다.

어느 마을의 한 이발사가 그의 이발소에 원칙을 써 붙였는데, 그 원칙은 '마을 사람 중 스스로 면도하지 않는 사람만 면도를 하겠다'는 것이다. 그러면

"이발사는 자신이 스스로 면도를 하는가? 아니면 하지 않는가?"

그가 자신의 면도를 한다면, 그는 원칙에 따라 면도를 해서는 안 되며, 그가 자신의 면도를 하지 않는다면 다시 그의 원칙에 따라 그는 자신의 면도를 해야만 한다. 과연 이발사는 면도를 해야 할까? 아니면 하지 말아야 할까?

이와 비슷한 역리로 기원전 6세기경, 크레타 섬 출신의 시인이자 예언가인 에피메니데스가 남긴 유명한 말이 있다.

크레타 인들은 모두 거짓말쟁이이다.

아마도 이 말이 수학에서 역리의 시초일 것이다. 왜냐하면 에피메니데스 자신이 크레타 섬사람이기 때문이다. 요컨대, 에피메니데스의 위와 같은 주장은 모두 거짓말쟁이라는 것을 당사자인 그 자신이 주장하고 있으므로 그도 거짓말쟁이이고, 그렇다면 그의 주장도 거짓이라는 것이다.

이제, 역리를 이용한 기발한 법률에 대한 이야기도 있다.

어느 나라에서 사형제도의 폐지 주장이 일어났으나 결국 사형제도는 그대로 두는 대신에 사형집행은 판결 이후 1년 이내에 하여야 하며, 또 형을 집행하는 날짜를 사형수에게 예고해서는 안 된다고 정정하였다. 이것은 사실상 사형 제도를 폐지한 것이다. 왜냐하면, 사형을 집행하기 위해서는 1년 이내에 집행해야 하므로 365일째는 그날 사형이 집행된다는 사실을 사형수가 알게 된다. 그러나 사형수에게 집행날짜를 알려주어선 안 되므로 이날이 사형 집행일이 될 수 없다. 364일째는 365일째가 사형 집행일이 됨을 미리 알기 때문에 이날이 사형 집행일이 될 수 없다. 또 363일째도 마찬가지 이유에서 사형 집행일이 될 수 없다. 이와 같은 이유로 어떤 날에도 사형집행을 할 수 없기 때문이다.

사실 이와 비슷한 역리들을 우리는 너무나도 무심하게 쓰고 있다. 예를 들면, 사람들이 이야기할 때 가끔 '솔직하게 말하면 …'이라는 표현을 많이 한다. 그렇다면 그전에 했던 말들은 모두 거짓말이라는 것일까? 새겨볼 만한 일이다.

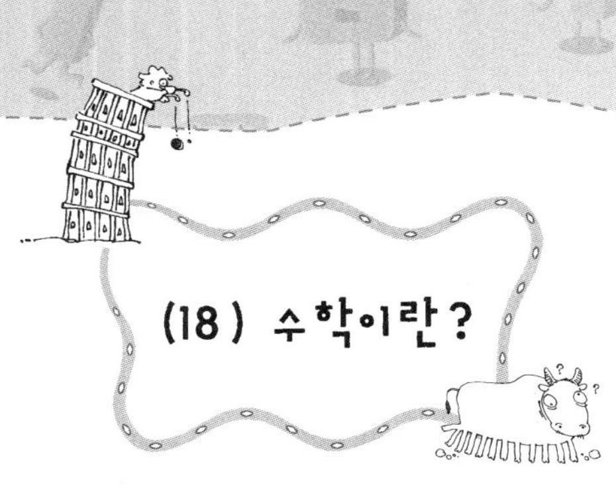

(18) 수학이란?

어느 외딴 섬에 늘 거짓말만 하는 돌쇠와 삼순이 그리고 언제나 진실을 말하는 광연이가 살고 있었다. 한 여행자가 이 섬에 상륙해보니 어떤 순서인지는 모르지만 세 사람이 나란히 앉아 있었다. 그래서 오른쪽에 앉아 있는 사람에게

"가운데 앉아 있는 사람은 항상 진실을 말합니까?"

하고 물었더니

"그 사람은 거짓말만 합니다."

라고 대답하였다.
또 가운데 사람에게

"좌우 양쪽에 앉은 사람들은 거짓말만 합니까? 아니면 참말만 합니까?"

하고 물었더니,

"둘다 나와 같은 말을 하는 사람들입니다."

라고 대답했다.

마지막으로, 맨 왼쪽에 앉은 사람에게

"가운데 앉은 사람은 참말만 합니까?"

하고 물었더니

"그렇습니다."

라고 말했다. 과연 참말만 하는 광연이는 어디에 앉아 있을까?

그 답은 '오른쪽'이다. 왜냐하면, 가운데 사람에게 진실과 거짓을 동시에 물었을 때, 그 사람의 대답은 거짓이었고 왼쪽 사람에게 물었을 때 그렇다고 했으므로 이 사람 또한 거짓말을 하고 있는 것이다. 따라서 광연이는 오른쪽에 있다.

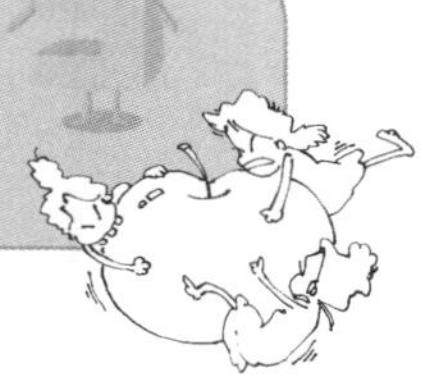

노벨상과 필즈상

노벨상(Nobel Prize)에는 수학 분야가 없다. 그 이유에는 여러 가지 설이 있다. 노벨이 당시의 스웨덴 수학계의 대가인 미타크 레플러(Mittag-Leffler, 1846~1927)와 사이가 나빴기 때문이라는 설, 발명가 노벨은 순수수학의 가치를 몰랐다는 설 그리고 노벨의 부인이 수학자와 바람을 피웠다는 설 등이 있지만 확인된 바는 없다.

수학자로서 최고의 영예는 노벨상보다 더 가치가 큰 필즈상(Fields Prize)을 받는 것이다.

필즈메달

필즈상의 수상자에게 수여되는 메달의 공식적인 이름은 '수학에서 뛰어난 발견에 관한 국제 메달(International Medal for Outstanding Discoveries in Mathematics)'이다. 이 상은 캐나다의 수학자 존 필즈(John C. Fields, 1863~1932)의 노력으로 만들어졌다. 그는 1924년 캐나다의 토론토에서 국제수학자총회(International Congress of Mathematics, ICM)를 주관했고 이 상의 스폰서와 후원자를 모았다. 국제수학자총회는 4년마다 한 번씩 열리며, 그곳에서 필즈메달의 수상자를 선정하여 수상한다. 존 필즈는 이 상에 대하여 그의 비망록에 다음과 같이 적었다.

이미 완성된 업적을 표창하지만 이 상을 수상한 사람은 그 분야에서 더 뛰어난 성취를 위해 용기를 북돋우며 다른 새로운 분야에서의 노력을 자극한다는 것을 알게 될 것이다.

이 메달은 40세 이전에 뛰어난 업적을 이룩했거나 가까운 장래에 완성할 것으로 인정되는 사람에게 수여된다. 첫 번째 필즈메달은 1936년 국제수학자총회에서 수상하기 시작하여 1966년까지 매번 두 명의 수상자를 선정했다. 그런데 수학의 분야가 점점 넓어지고 있고 뛰어난 업적이 많이 나오기 때문에 1966년부터 수상자를 4명 이하로 늘렸다. 258쪽의 표는 1936년부터 2006년까지의 수상자 명단으로 수상자 모두가 40세 이하라는 것을 알 수 있다.

40세가 넘었지만 뛰어난 업적을 이룬 사람도 있다. 그래서 국제수학

자협회에서는 특별한 상을 하나 더 만들었는데, 1998년 국제수학자대회의 개최회의에서 앤드류 와일스는 '페르마의 마지막 정리'를 증명한 공로가 인정되어 국제수학자협회(International Mathematical Union, IMU)에서 처음으로 이 특별상을 수상했다. 페르마의 마지막 정리를 증명한 마지막 판이 완성되었을 때 그의 나이가 40이 넘었기 때문에 그는 필즈메달을 수상할 수 없었다. 그래서 국제수학자협회에서는 와일스의 뛰어난 업적에 찬사를 보내기 위하여 'Silver Plaque'라는 특별상을 만들었던 것이다.

표에서 보듯이 필드 상은 가까운 일본의 경우 이미 몇 명의 수학자가 수상을 했고, 중국의 수학자도 수상한 경력이 있다. 그러나 아직까지 우리나라에서는 나오지 않고 있다. 이 상은 그 어떤 상보다도 희소가치가 크기 때문에 도전해 볼 만한 가치가 있고, 곧 우리나라에서도 수상자가 나오리라고 기대한다.

년도	이름	나이	나라
1936	라르스 알포르스(Lars Ahlfors) 제시 더글러스(Jesse Douglas)	29 39	핀란드 미국
1950	로랑 슈와르츠(Laurent Schwartz) 아틀레 셀베르그(Atle Selberg)	35 33	프랑스 노르웨이
1954	고다이라 구니히코(Kunihiko Kodaira) 장피에르 세르(Jean-Pierre Serre)	39 33	일본 프랑스
1958	클라우스 로스(Klaus Roth) 르네 톰(Rene Thom)	32 35	독일 프랑스
1962	라르스 회르만데르(Lars Hormander) 존 밀노어(John Milnor)	31 31	스웨덴 미국
1966	마이클 아티야(Michael Atiyah) 폴 코헨(Paul Cohen) 알렉산더 그로텐디크(Alexander Grothendieck) 스티븐 스메일(Stephen Smale)	37 32 38 36	영국 미국 독일 미국
1970	앨런 베이커(Alan Baker) 히로나카 헤이스케(Heisuke Hironaka) 세르게이 노바코프(Serge Novikov) 존 톰프슨(John Thompson)	31 39 32 37	영국 일본 소련 미국
1974	엔리코 봄비에리(Enrico Bonbieri) 데이비드 멈퍼드(David Munford)	33 37	이탈리아 영국
1978	피에르 들리뉴(Pierri Deligne) 찰스 페퍼먼(Charles Fefferman) 그리고리 마르글리스(Gregori Margulis) 대니얼 퀼런(Daniel Quillen)	33 29 32 38	벨기에 미국 소련 미국

 (18) 수학이란? _ 수학은 너무 복잡하게 생각하면 오히려 풀리지 않는다

년도	이름	나이	나라
1982	알랭 콘느(Alain Connes)	35	프랑스
	윌리엄 서스턴(William Thurston)	35	미국
	야우씽퉁(Shing-Tung Yau)	33	중국
1986	사이먼 도널드슨(Simon Donaldson)	27	영국
	게르트 팔팅스(Gerd Faltings)	32	독일
	마이클 르리드먼(Michael Freedman)	35	미국
1990	블라디미르 드린펠트(Vladimir Drinfeld)	36	소련
	본 존스(Vaughan Jones)	38	뉴질랜드
	모리 시게후미(Shigefumi Mori)	39	일본
	에드워드 위튼(Edward Witten)	38	미국
1994	장 부르갱(Jean Bourgaim)	40	벨기에
	피에르루이 리옹(Pierre-Louis Lions)	38	프랑스
	장크리스토프 요코즈(Jean-Christophe Yoccoz)	37	프랑스
	예핌 젤마노프(Efin I. Zelmanov)	39	러시아
1998	리처드 보처즈(Richard Borcherds)	39	영국
	막심 콘체비치(Maxim Kontsevich)	34	프랑스
	윌리엄 고워스(William Gowers)	35	영국
	커티스 맥멀린(Curtis McMullen)	39	미국
2002	로랑 라포르그(Laurent Lafforgue)	36	프랑스
	블라디미르 보예보츠키(Vladimir Voevodsky)	36	러시아
2006	안드레이 오쿤코프(Andrei Okounkov)	37	러시아
	그리고리 페렐만(Grigori Perelman)	39	러시아
	테렌스 타오(Terence Tao)	31	호주
	벤델린 베르너(Wendelin Werner)	38	프랑스

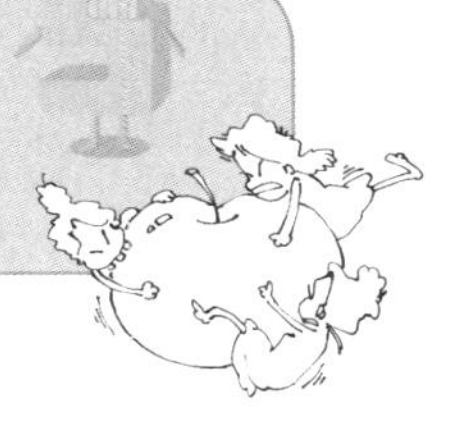

나비의 날개

'카오스(Chaos)'라는 말은 원래 그리스어에서 유래된 것이다. 카오스의 원래 발음은 '케이아스[keˈ(i)as]'로 대개 카오스는 질서를 나타내는 코스모스(Cosmos)와는 반대되는 의미로 '혼돈' 또는 '무질서'로 쓰이고 있다. 그러나 그리스 신화나 구약성서 등에서 카오스의 어원은 '우주의 질서가 세워지기 이전의 무형의 공허'라는 의미로 사용되고 있다. 실제로 '카오스학(Chaology)'는 18∼19세기 신학에 나타나는 용어로 '천지창조 이전에 존재했던 것'을 연구하는 분야이다.

여기에서는 현대적인 '카오스학'을 간단한 예를 통하여 소개할 것이다. 물론 이런 설명이 카오스를 정확히 이해하는데 있어 충분치는 않을 것이다. 고전적인 카오스는 '우주의 질서'가 창조되었다는 의미를 가지는 것에 비하여, '결정론적 카오스(Deterministic Chaos)'라 불리는 현대적인 카오스는 단순한 혼돈이나 무질서가 아닌 거대한 '창조성'의 의미를 내포하고 있다.

그러나 카오스에 대하여 누구라도 이해할 수 있을 만큼 정확한 수학

적 정의를 내릴 수는 없을 것이다. 혹자는 카오스를 다음과 같이 정의하는데,

카오스란 어떤 체계가 확고한 규칙(결정론적 법칙)에 따라 변화하고 있음에도 불구하고, 매우 복잡하고 불안정한 행동을 보여서 먼 미래의 상태를 전혀 예측할 수 없는 현상이다.

사실 이 정의도 카오스가 정확하게 무엇을 말하고 있는지를 충분히 설명하지는 못하고 있다.

실제로, 세상의 거의 모든 일들은 규칙적이지 못하다. 그리고 만약 이 세상의 모든 일이 규칙적이라면 인생은 그다지 재미가 없을 것이다.

이제, 카오스에 대한 간단한 예를 들어보자.

사랑하는 젊은 남녀가 있다. 그 둘이 어느 날 심하게 말다툼을 하고 헤어졌다. 남자는 여자에게 먼저 자기의 잘못을 인정하고 화해하고 싶었다. 그래서 남자는 여자에게 편지를 한 통 보냈다. 이때 그 여인이 사과의 편지를 받고 나타내는 반응을 x라고 하자. 만약 남자가 열 통의

편지를 한꺼번에 보내면 그 효과가 과연 $10x$가 될까? 편지의 내용에 따라서는 한 통의 편지로도 100의 효과를 거둘 것이고, 때로는 정반대로 더 악화되는 효과를 가져 올 수도 있다. 이처럼 세상은 규칙적이지 않은 것이다.

카오스의 이론 중에는 기상학자 로렌츠가 이름 붙인 소위 '나비효과'라는 것이 있다. 이것은 다음과 같다.

우리나라에서 한 마리의 나비가 날갯짓을 하여 일으키는 미세한 공기의 흐름이 태평양을 건너 미국대륙을 휩쓸어 버릴 정도의 태풍을 만들지도 모른다.

이것은 실로 엄청난 결과이다. 사실 이런 결과들은 초기 조건에 따라 시간이 지나면서 크게 확대된다는 것이므로 일기예보는 어느 정도 카오스적이라고 할 수 있다. 그러나 기후의 동력학이 실제로 카오스적인지에 대하여는 아직까지도 분명하게 밝혀지지 않았다.

최근에 나비효과에 대한 흥미로운 연구결과가 일간지에 게재된 적

이 있었다. 자동차들이 고속도로를 시속 100km라는 같은 속도로 달리고 있을 때, 한 대의 자동차가 무심코 브레이크를 살짝 밟았다 놓으면 그 지점에서부터 약 30km 뒤에서 진행하고 있던 차들은 완전히 서게 된다는 것이다. 이것이 실생활에서 일어나는 나비의 효과이다.

위의 두 가지 예로 살펴보면 일반적으로 생각하는 '원인'과 '결과'를 비례관계로만 생각할 수 없다는 것을 짐작할 수 있을 것이다. 사실 우리가 살고 있는 이 세상은 '카오스적'이다. 이것은 '결과'가 '원인'에 비례하지 않는 세계라는 의미이다. 즉, 세상의 거의 모든 현상은 '선형(비례관계)'이 아니라 '비선형'이라는 것이다. 그러므로 카오스 이론에 의하면, 먼 미래를 현재의 상태로는 예측할 수 없게 된다.

1. 권복규 역,《도둑맞은 미래, 사이언스 북스》, 1998.

2. 김득순,《이야기 속의 논리학》, 새날, 1993.

3. 김안현·이광연 역,《초기수학의 에피소드》, 경문사, 1998.

4. 김용운·김용국,《재미있는 수학여행 1, 2, 3》, 김영사, 1997.

5. 무까이도노 마사오·혼다 나가지,《퍼지-애매모호의 과학》, 대광서림, 1993.

6. 박세희,《수학의 세계》, 서울대학교, 1985.

7. 박세희 역,《수학의 확실성》, 민음사, 1986.

8. 백윤선 역,《재미있는 물리여행》, 김영사, 1988.

9. 아이하라 가즈유키,《쉽게 읽는 카오스》, 한뜻, 1994.

10. 양영오·허민 역,《수학적 경험(상·하)》, 경문사, 1997.

11. 이기한,《묘한 생각 묘한 풀이》, 전원문화사, 1992.

12. 이성범·구윤서 역,《새로운 과학과 문명의 전환》, 범양사, 1989.

13. 이우영·신항균 역,《수학사》, 경문사, 1995.

14. 이우영·신항균·이홍렬 역,《수학의 황제 가우스》, 경문사, 1996.

15. 이창희 역,《과학이 풀지 못한 수수께끼》, 고려원미디어, 1996.

16. 임승원 역,《수학, 아직 이러한 것을 모른다》, 전파과학사, 1996.

17. 허민·오혜영 역,《수학의 위대한 순간들》, 경문사, 1994.

18. 허민·오혜영 역,《수학의 기초와 기본개념》, 경문사, 1997.

19. 허민·오혜영 역,《수학: 양식의 과학》, 경문사, 1997.

20. 황문수 역,《철학이란 무엇인가》, 문예출판사, 1989.